画说三农书系
HUA SHUO SAN NONG SHU XI

『十三五』国家重点图书出版规划项目

画说银耳优质高效生产技术

优质高效生产技术

● 孙淑静 主编

中国农业科学院组织编写

U0349644

中国农业科学技术出版社

图书在版编目（CIP）数据

画说银耳优质高效生产技术 / 孙淑静主编. —北京：中国农业科学
技术出版社，2020. 11

ISBN 978-7-5116-5049-8

Ⅰ.①画… Ⅱ.①孙… Ⅲ.①银耳—栽培技术 Ⅳ.①S567.3

中国版本图书馆 CIP 数据核字（2020）第 187407 号

责任编辑　于建慧
责任校对　马广洋

出 版 者　中国农业科学技术出版社
　　　　　北京市中关村南大街12号　　　邮编：100081
电　　话　（010）82109708（编辑室）　（010）82109702（发行部）
　　　　　（010）82109709（读者服务部）
传　　真　（010）82109708
网　　址　http://www.castp.cn
经 销 者　各地新华书店
印 刷 者　北京富泰印刷有限责任公司
开　　本　880mm×1 230mm　1/32
印　　张　3.625
字　　数　98千字
版　　次　2020年11月第1版　2020年11月第1次印刷
定　　价　30.00元

《画说银耳优质高效生产技术》

编写委员会

主　编　孙淑静

主　审　黄晨阳

副主编　张琪辉　彭卫红　杨　彬

编　委（以姓氏笔画为序）

孙淑静　福建农林大学生命科学学院

刘新展　中国科学学院微生物研究所

许瀛引　四川省农业科学院土壤肥料研究所

张琪辉　福建省宁德市古田县食用菌研发中心

陈　影　四川省农业科学院土壤肥料研究所

杨　彬　福建省尤溪县农业科学研究所

黄暖云　福建省祥云生物科技发展有限公司

彭卫红　四川省农业科学院土壤肥料研究所

彭传尧　福建省尤溪县食用菌技术推广站

　　农业、农村和农民问题，是关系国计民生的根本性问题。农业强不强、农村美不美、农民富不富，决定着亿万农民的获得感和幸福感，决定着我国全面建成小康社会的程度和社会主义现代化的质量。必须立足国情、农情，切实增强责任感、使命感和紧迫感，竭尽全力，以更大的决心、更明确的目标、更有力的举措推动农业全面升级、农村全面进步、农民全面发展，谱写乡村振兴的新篇章。

　　中国农业科学院是国家综合性农业科研机构，担负着全国农业重大基础与应用基础研究、应用研究和高新技术研究的任务，致力于解决我国农业及农村经济发展中战略性、全局性、关键性、基础性重大科技问题。根据习近平总书记"三个面向""两个一流""一个整体跃升"的指示精神，中国农业科学院面向世界农业科技前沿、面向国家重大需求、面向现代农业建设主战场，组织实施"科技创新工程"，加快建设世界一流学科和一流科研院所，勇攀高峰，率先跨越；牵头组建国家农业科技创新联盟，联合各级农业科研院所、高校、企业和农业生产组织，共同推动我国农业科技整体跃升，为乡村振兴提供强大的科技支撑。

组织编写《画说"三农"书系》，是中国农业科学院在新时代加快普及现代农业科技知识，帮助农民职业化发展的重要举措。我们在全国范围遴选优秀专家，组织编写农民朋友用得上、喜欢看的系列图书，图文并茂地展示先进、实用的农业科技知识，希望能为农民朋友提升技能、发展产业、振兴乡村作出贡献。

中国农业科学院党组书记　张合成

2018年10月1日

前言

银耳别名白木耳、雪耳、川耳、白耳子，性平，味甘、淡，无毒，有"菌中之冠"的美称。主要分布于福建、四川、湖北、云南、贵州、陕西等省，江西、安徽、浙江、江苏、山西、广西、广东、海南、台湾、青海等省（自治区）也有分布。其中，福建古田县产量最大，有"世界银耳在中国，中国银耳在古田"之誉。另外，四川省的"通江银耳"和福建省的"漳州雪耳"也同样著名。

食用菌是我国改革开放后快速形成的新兴产业，收益高、见效快，是农民的"钱袋子"。为此，中国农业科学技术出版社联系国家食用菌产业技术体系专家结合"画说三农"丛书出版契机策划几种大宗食用菌优质高效生产技术，《画说银耳优质高效生产技术》顺利入选。银耳营养非常丰富，随着栽培技术的提高，银耳已作为一种常见菌菜进入了千家万户的餐桌。相关专家为进一步提高银耳生产技术水平，促进产业健康、快速、可持续发展，在多年实践操作和调研的基础上，编写了《画说银耳优质高效生产技术》一书，该书介绍了当前银耳栽培采用的主要模式，具有投资少、周期短、操作简单等特点，实用性和推广性较强。

　　本书通俗易懂，简明扼要，配备了丰富的彩色图片加以说明，能够更加直观地展现整个栽培的细节和过程，便于栽培者学习。书的编写过程中，古田县食用菌产业管理局、古田县建宏农业开发有限公司、福建省祥云生物科技发展有限公司、古田县晟农食用菌农民专业合作社、古田县佳龙食用菌专业合作社等提供部分照片，在此表示感谢。

　　由于编者能力有限及时间紧迫，难免在文字表述和图片展示上存在不尽人意之处，敬请各位专家、学者、栽培技术人员谅解，并提出宝贵的意见和建议！

编　者

目　录

第一章 概　述

第一节　银耳的分类地位

银耳别名白木耳、雪耳、川耳、白耳子，性平，味甘、淡，无毒，有"菌中之冠"的美称。属中温、好气性真菌，夏秋季生于阔叶树腐木上，银耳菌丝和子实体生长的最适温度是22~26℃，最适pH值为5.2~5.8，生长过程需要一定的散射光。纯银

图1-1　银耳

耳菌丝无法分泌降解纤维素及木质素的相关酶系，因此在木屑培养基上无法完成生活史，必须与香灰菌（*Hypoxylon* sp.）混合培养，由香灰菌分解大分子营养物质为其生长发育提供养分。银耳子实体一般呈乳白色至浅黄色或米黄色，有独特的清香。形状多为菊花状、鸡冠状、牡丹状等，耳片柔软富有弹性，干后收缩硬而脆。银耳主要分布于福建、四川、湖北、云南、贵州、陕西等省，江西、安徽、浙江、江苏、山西、广西、广东、海南、台湾、青海等省（自治区）也有分布。其中，福建古田县产量最大，有"世界银耳在中国，中国银耳在古田"之誉。另外，四川省的"通江银耳"和福建

省的"漳州雪耳"也同样著名。

银耳在分类学上隶属于担子菌门（Basidiomycota），银耳纲（Tremellomycetes），银耳目（Tremellales），银耳科（Tremellaceae），银耳属（*Tremella*）。*Tremella*始建于Dillenius（1741），其后使用者众多，而所辖内容颇不一致，直至Fries（1822）方使银耳属（*Tremella* Fries）稳定下来，其属的界定和包含的种类几经变化。《Dictionary of the Fungi》（第10版）记录银耳属有90余种，它们的分类鉴定多以形态特征为主要依据。随着分子分类技术的普及与发展，基于多基因分析的分子系统进化图谱证明银耳属是一个高度多源的属，通常被称作广义银耳属。

广义银耳属中的种都是二型性真菌，包含酵母态和菌丝态两种形态，分别营腐生和寄生生活。广义银耳属真菌的寄主多样，包括担子菌的伏革菌目（Corticiales），多孔菌目（Polyporales），以及红菇目（Russulales），花耳目（Dacrymycetales），糙孢孔目（Trechisporales）；子囊菌的斑痣盘菌目（Rhytismatales），间座壳目（Diaporthales），腔菌目（Pleosporales），炭角菌目（Xylariales）。另外，将近一半的广义银耳属真菌寄生在地衣上。

2015年，我国学者刘新展等（Liu et al., 2015a, b）对广义银耳属进行了分类系统重建，根据其在系统进化树上的位置，分为8个单源分支和若干个单种分支。其中，1个单源分支被定为新属（*Pseudotremella* gen.nov），并对4个单源分支所代表的属进行修订（*Tremella sensu stricto*, *Carcinomyces*, *Naematelia*, *Phaeotremella*），另外3个单源分支内的种寄主都为地衣，不能分离到活菌株，因此保留现在的命名和分类地位。修订后的银耳属也被称为狭义银耳属，包含30余种真菌，其模式种为*Tremella mesenterica*，此外，广受欢迎的传统食用菌银耳（*T. fuciformis*）也是其重要一员。*Naematelia*属的金耳（*T. aurantialba*），*Phaeotremella*属的茶耳（*T. foliacea*）等都是营养丰富的食药用菌，具有广阔的应用前景。

第二节 银耳生产技术发展史

银耳的研究历史最初可追溯到清朝，多地县志及部分石碑上皆有记载。这一时期银耳以天然接种为主，且只限在气候适宜的特定产区，整个生产过程不可控、产量低、价格昂贵，只有富裕家庭才能享用，这种情况一直持续到1940年前后。1941年，杨新美教授用银耳子实体进行担孢子弹射实验，分离获得酵母状孢子并制成孢子悬液，将其接种在砍过斜口的壳斗科段木上，经过3年的栽培试验结束了长期以来银耳的半人工栽培模式，还首次发现了银耳的伴生菌。自此，银耳的栽培正式进入到银耳孢子液接种阶段，并一直持续到1970年前后。20世纪60年代前后，多位学者取得一系列突破性进展，1957—1961年陈梅朋成功分离到银耳与香灰菌的混合菌种，并认为是银耳纯菌种，以此菌种在段木上栽培成功。因此，有学者将1957年之后划定为银耳菌丝接种阶段并延续至今。在这一时期内，香灰菌在银耳生长过程中的重要作用得到了学者们的证实，即银耳在整个生长过程中，必须由香灰菌来分解木质纤维素供给银耳营养助其完成生活史，并且两者分泌的胞外酶有协同互补作用。1962年以后，上海市农业科学院、三明真菌研究所证明银耳纯种在灭菌的人工培养基上能够完成它的生活史。1964年，徐碧如采用孢子萌发获得了银耳纯种，1966年，通过分离又获得香灰纯菌种。随后，三明真菌所黄年来等系统研究了银耳菌种的生产方法，即银耳和香灰菌纯菌丝混合制种法，大大提高了福建地区段木银耳的产量。70年代，福建古田县姚淑先改进瓶栽技术使银耳生产走上了商品化道路，随后同县的戴维浩首创木屑、棉籽壳塑料棒式栽培大大提高了银耳的产量并在全国大规模推广应用。80年代，用棉籽壳栽培银耳获得成功，提高了单位产量并沿用至今。90年代，古田县实现银耳的周年栽培，1999年银耳菇房栽培获得成功，至此，中国银耳生产位居世界前列。目前，袋栽、瓶栽、段木栽培为我国银耳的主要栽培方式。各地栽培银耳品种，多数为漳州雪耳、三明真菌研究所Tr05号（粗花）和上海食用菌研究所选育的"细花"菌株的后代。常见的品种有Tr801、Tr804、Tr01、Tr21、银耳王、Tr22等。

第三节 银耳的食药用价值

一、食用价值

随着栽培技术的提高，银耳已作为一种常见菌菜进入了千家万户的餐桌。银耳营养非常丰富。据测定，每100g银耳干品中含蛋白质5~9.1g，脂肪0.6~3.1g，碳水化合物65~78.7g，粗纤维1~2.9g，灰分3.1~8.2g，含有亮氨酸、异亮氨酸、苯丙氨酸、甘氨酸、丝氨酸、谷氨酸、缬氨酸、脯氨酸、精氨酸、赖氨酸、丙氨酸、苏氨酸、天门冬氨酸、酪氨酸、胱氨酸、组氨酸、甲硫氨酸等17种氨基酸，无机盐中主要含硫、铁、镁、钙、钾等离子。不同的银耳品种、不同的培养基配方及栽培方式等对银耳子实体中营养成分的含量会有所影响，从而造成品质的差异化。姚清华等对福建省古田县银耳主栽品种Tr01、Tr21中营养成分、矿质元素以及氨基酸含量进行了详细测定和分析，王秋果等则对四川省段木银耳干品与福建古田袋栽银耳干品的营养成分进行了比较。现将他们的研究结果列出，以便读者参考（表1-1至表1-5）。

表1-1 Tr01、Tr21中基本营养组成（n=3）（引自姚清华等，2019）

	Tr01（鲜品）	Tr21（鲜品）	Tr01（干品）	Tr21（干品）
子实体直径（cm）	11.17 ± 1.04	11.67 ± 1.44		
单朵重量*（g）	91.92 ± 1.57	96.15 ± 1.98		
水分*（g/100g）	76.10 ± 0.06	70.80 ± 0.08	/	/
蛋白质*（g/100g）	2.46 ± 0.04	2.71 ± 0.03	10.29 ± 0.18	9.28 ± 0.11
灰分*（g/100g）	3.96 ± 0.02	4.50 ± 0.05	16.56 ± 0.06	15.41 ± 0.17
膳食纤维*（g/100g）	7.26 ± 0.04	8.57 ± 0.03	30.38 ± 0.15	29.35 ± 0.11
脂肪（g/100g）	0.06 ± 0.01	0.08 ± 0.01	0.27 ± 0.02	0.27 ± 0.01
碳水化合物*（g/100g）	10.16 ± 0.03	13.34 ± 0.12	42.51 ± 0.12	45.68 ± 0.43

注：*表示2个品种间呈显著性差异（$P<0.05$）。

表1-2 Tr01、Tr21中维生素和矿质元素（mg/100g, n=3）
（引自姚清华等，2019）

	Tr01（鲜品）	Tr21（鲜品）	Tr01（干品）	Tr21（干品）
维生素C*	0.04 ± 0.01	0.10 ± 0.01	0.18 ± 0.01	0.33 ± 0.02
维生素B_2*	0.25 ± 0.01	0.14 ± 0.01	1.04 ± 0.01	0.48 ± 0.01
Fe	0.36 ± 0.01	0.41 ± 0.01	1.49 ± 0.04	1.41 ± 0.01
K*	918.00 ± 6.50	966.00 ± 5.70	3 841.00 ± 27.21	3 308.22 ± 19.52
Ca*	1.06 ± 0.01	1.74 ± 0.01	4.44 ± 0.21	5.96 ± 0.02

注：*表示2个品种间呈显著性差异（$P<0.05$）。

表1-3　Tr01、Tr21中氨基酸组成（以湿基计，n=3）（引自姚清华等，2019）

氨基酸	Tr01	Tr21	氨基酸	Tr01	Tr21
天冬氨酸△（g/100g）	0.16	0.22	蛋氨酸*（g/100g）	0.01	0.02
丝氨酸△（g/100g）	0.09	0.12	赖氨酸*（g/100g）	0.12	0.12
谷氨酸△（g/100g）	0.16	0.22	异亮氨酸*（g/100g）	0.14	0.18
甘氨酸△（g/100g）	0.09	0.12	亮氨酸*（g/100g）	0.11	0.14
丙氨酸△（g/100g）	0.10	0.12	苯丙氨酸*（g/100g）	0.06	0.09
脯氨酸△（g/100g）	0.14	0.17	TAA（g/100g）	1.52	1.99
酪氨酸（g/100g）	0.06	0.08	TEAA（g/100g）	0.61	0.78
半胱氨酸（g/100g）	0.01	0.01	TFAA（g/100g）	0.74	0.97
组氨酸※（g/100g）	0.03	0.04	TEAA/TAA（%）	40.13	39.20
精氨酸※（g/100g）	0.08	0.13	TFAA/TAA（%）	48.68	49.24
苏氨酸*（g/100g）	0.09	0.12	TEAA/TNEAA（%）	67.03	64.47
缬氨酸*（g/100g）	0.08	0.11			

注：*必需氨基酸；※儿童必需氨基酸；△呈味氨基酸；TAA：氨基酸总量；TEAA：必需氨基酸总量。

表1-4　段木银耳与袋栽银耳营养成分比较（引自王秋果等，2018）

营养成分	段木银耳	袋栽银耳	营养成分	段木银耳	袋栽银耳
水分（g/100g）	17	14	多糖（g/100g）	0.06	0.09
蛋白质（g/100g）	4.41	6.04	还原糖（g/100g）	2.27	0.7
灰分（g/100g）	5.83	7.25	总糖（g/100g）	1.87	1.14
脂质（g/100g）	3.55	2.83			

表1-5　段木银耳与袋栽银耳中元素的种类及含量（引自王秋果等，2018）

单位：mg/kg

元素名称	段木银耳	袋栽银耳	元素名称	段木银耳	袋栽银耳
钙（Ca）	1 545.69	33.70	铜（Cu）	0.53	0.63
镁（Mg）	1 361.15	722.34	硒（Se）	未检出	未检出

（续表）

元素名称	段木银耳	袋栽银耳	元素名称	段木银耳	袋栽银耳
钠（Na）	380.95	766.20	镍（Ni）	0.20	0.07
铁（Fe）	25.40	12.13	锡（Sn）	未检出	未检出
猛（Mn）	21.17	0.87	钴（Co）	0.01	0.01

由表1-6可知，袋栽银耳Tr01、Tr021干品中均富含蛋白质、灰分、膳食纤维、维生素B$_2$、K等营养元素，且Tr01中的含量高于Tr21，存在显著性差异。银耳还富含钙、镁、铁、锰等元素。银耳氨基酸种类齐全，其中，袋栽银耳Tr01、Tr21中必需氨基酸的含量均达到了60%以上。另据姚清华的报道，Tr01、Tr21中支链氨基酸/芳香族氨基酸比值分别为2.75和2.52，并推测这可能是银耳具有提高人体免疫力、改善人体肝脏功能的原因。

表1-6 段木银耳与袋栽银耳中氨基酸的种类及含量（引自王秋果等，2018）

单位：%

氨基酸	段木银耳	袋栽银耳	氨基酸	段木银耳	袋栽银耳
天冬氨酸	6.7	9.6	异亮氨酸*	2.6	3.5
苏氨酸*	3.7	5.3	亮氨酸*	4.7	6.0
丝氨酸	4.0	5.4	酪氨酸	2.2	3.4
谷氨酸	8.0	11.0	苯丙氨酸*	3.0	4.0
甘氨酸	3.6	5.2	赖氨酸*	0.4	4.3
丙氨酸	4.6	6.2	组氨酸*	6.1	6.6
胱氨酸	0.5	1.4	精氨酸	3.6	7.6
缬氨酸*	3.3	4.7	脯氨酸	3.0	3.9
蛋氨酸	0.9	0.9	氨基酸总含量（%）	61.1	89.0

注：*表示必需氨基酸

多数食用菌含有呈香的风味物质，可促进食欲。据李翔等报道，银耳挥发成分主要是酸类、醛类、醇类物质，对银耳风味影响最大的分别是正己醛和壬醛。两者均具有独特的清香、可给人愉悦感，这为后续银耳产品的开发提供了新的思路。

二、药用价值

银耳是我国久负盛名的滋补品，具有很高的药用价值。《本草纲目》与《神农本草经》中都有银耳功效的记载，张仁安的《本草诗解药性注》中记载到，"此物有麦冬之润而无其寒，有玉竹之甘而无其腻，诚润肺滋阴药品。"《中国药学大辞典》云，"银耳甘平无毒，润肺生津，滋阴养胃，益气和血，补脑强心。"临床常用于治疗虚劳咳嗽、痰中带血、津少口渴、病后体虚，气短乏力。

目前，国内外对银耳化学成分的研究主要集中在多糖上，银耳多糖可分为酸性杂多糖、中性杂多糖、胞壁多糖、胞外多糖和酸性低聚糖等。毒性实验表明，银耳多糖对小鼠的生殖力和仔鼠成活率均无影响，也未见对小鼠有慢性毒性损伤，无致癌性。由此可见，银耳多糖不仅具有广泛的药理活性，而且其安全性也较高，因而具有较高的药用价值。银耳多糖可增强机体的体液和细胞免疫，具有抗肿瘤、抗氧化、抗衰老、降血糖、降血脂、抗辐射等功能，可通过caspase依赖的线粒体途径保护由谷氨酸所引起的PC12神经细胞的损伤，还可缓解主观记忆障碍并增强主观认知患者的认知能力。

三、银耳的应用开发价值

除了银耳自身直接的食药用价值外，其在食品加工、化妆品领域的价值也逐渐得到人们的重视。银耳多糖分子结构中的羟基、羧基等极性基团一方面可以与水分子形成氢键。另一方面，可以与油滴以范德华力结合形成亲水膜，阻止液滴之间的聚合。银耳多糖自身的黏度也削弱了分子间布朗运动，这些特性使得银耳多糖具有极强的锁水保湿能力，能够增加体系的乳化能力和稳定性，且银耳多糖乳液的液滴更小、表观黏度更大可作为食品工业中的乳化剂和增稠剂，作为增稠剂添加到饮料中不仅提升饮料的稳定性还可赋予饮料新的营养价值。另有研究表明，银耳多糖还可提高乳清蛋白溶液的稳定性，形成的复合溶液的消化率明显降低，缩短了胃排空的时间，增加饱腹感，有望开发成减肥食品。还可显著增强肌原纤维的凝胶硬度、弹性和保水能力，在低脂肉制品加工中具有广阔的应用前景。银耳多糖可增加低脂酸奶中保加利亚乳杆菌和嗜热链球菌的数量，缩短发酵时间，提升其感官品质，也可增加冰淇淋的风味并降低生产成本。

银耳粗多糖在pH值4~8，浓度为1%时对桉叶油具有良好乳化性和乳化稳定性，当往化妆品配方中添加0.05%银耳多糖时其保湿效果已经优于添加0.02%透明质酸的产品，但两者价格的悬殊使银耳多糖在化妆品领域的应用前景更为广阔。利用银耳粗多糖的乳化性和保湿性开发植物精油产品，既可以提高产品的安全性，也可以改进产品保湿性能、润滑性，具有良好应用的前景。

四、银耳在其他方面的应用

银耳多糖还具有显著的抗抑郁活性，银耳雾化液对干眼症的治疗率可达97.62%；以绿豆、银耳为主要原料制得的运动乳饮料还具有一定的抗疲劳功效。Wang等的报道称，银耳多糖可与壳聚糖一起组装成纳米结构。再利用银耳多糖的溶胀性能及药用价值可将某些药物包裹进纳米结构中实现药物的靶向递送与释放。

银耳粉末对染料亚甲基蓝及水中铜、铅、镉、铬、锌重金属有良好的吸附能力，可广泛应用于污水处理等领域。此外，银耳多糖还可提高其与结冷胶形成的复配体系的弹性、黏性及持水性，此作用特点将有助于减少食用胶的使用量，进而提升产品品质，拓宽银耳多糖的应用范围。

第二章　生物学特性

第一节　形态特征

银耳的生长过程主要有子实体、孢子和菌丝体3种形态。

一、子实体

子实体是银耳的繁殖器官，由已经组织化的菌丝体形成的具有产孢结构的特化器官，无菌盖、菌裙、菌柄之分，是供食用的部分。丛生或单生，片状。新鲜时柔软、胶质状，纯白色或淡黄色，耳片为半透明胶质，光滑富有弹性，耳蒂黄色至橘黄色（图2-1）。耳片由5～14枚薄而波曲的瓣片组成，呈牡丹花状、鸡冠状或菊花状等，大小不一，直径5～16cm或更大。成熟子实体的瓣片可分为3层，上下两层表面为子实层，中间为疏松中层。子实层由担子、担孢子和侧丝等组成。银耳子实体富含胶质，含水量较高，干燥后强烈收缩成角质，硬而脆，白色或米黄色（图2-2），吸水后基本恢复原状。成熟子实体的瓣片表面有的担孢子近球形或卵圆形，基部有小尖，无色透明，成熟时可从子实体瓣片表面弹射出来。

二、孢子

银耳孢子包括担孢子、疣状孢子、酵母状孢子（图2-3，图2-4），银耳子实体成熟后，首先产生担子，担子再产生有性孢子——担孢子；在真菌培养基上由担孢子芽殖而产生的酵母状孢子（yeast-like spores from basidiospore，BYLs）菌落；同时耳片和胶质化菌丝也能产生双核酵母状孢子（dikaryotic yeast-like spores from fruiting body and mycelia，FBMds）菌落，初为乳白色，半透明，边缘整齐，表面光滑；随着培养时间的延长，菌落不断扩展和增厚，变成淡黄色不透明至土黄色（图2-5）。

图2-1　耳蒂浸水前后色泽

图2-2　白色、黄色银耳

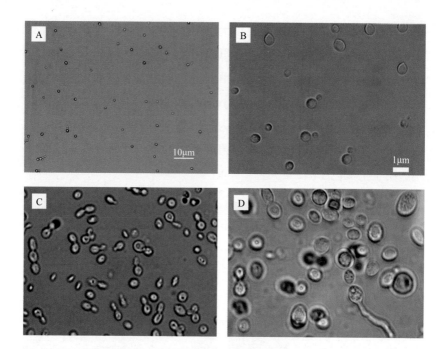

A. 物镜×10；B. 物镜×40；C. 物镜×40；D. 物镜×100

图2-3　银耳FBMds形态（正置生物显微镜B-190TB）

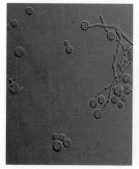  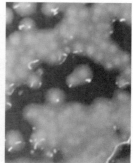

图2-4　银耳FBMds在共聚焦显微镜（NIKON A1 plus）下的形态

图2-5　双核酵母状孢子培养初期及20d后形态

三、菌丝体

菌丝体由担孢子、孢子萌发生成，是多细胞分枝分隔的菌丝状体。广义的银耳菌丝体包括银耳纯菌丝（纯白菌丝，俗称白毛团）和香灰菌丝（羽毛状菌丝，俗称耳友菌丝、伴生菌丝）两种菌丝。香灰菌木质纤维素的分解能力较强，能将培养基质中的木质素、纤维素、半纤维素等大分子营养成分降解为小分子的营养物质，供银耳菌丝分解利用，为银耳菌丝起到"开路先锋"的作用。离开了香灰菌丝，银耳菌丝的结实性很差，人工栽培意义不大。银耳菌丝分单核菌丝（每个细胞中含单个细胞核）和结实性双核菌丝（容易胶质化产生子实体的菌丝）。双核菌丝体为丝状多细胞，随着生长，老的菌丝横隔处断裂，形成短柱状的单个细胞，称为节孢子。条件适宜时节孢子又重新萌发成菌丝。纯菌丝白色、淡黄色（图2-6）。

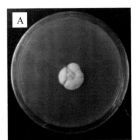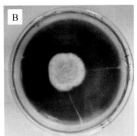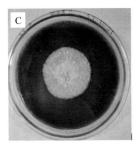

A. PDA加富培养基；B. 周氏培养基；C. 促萌发培养基

图2-6 银耳菌丝体在不同培养基上的形态

注：PDA加富培养基（马铃薯200g沸煮30min后8层纱布过滤取汁，麦芽糖10g，蔗糖10g，蛋白胨5g，KH_2PO_4 3g，$MgSO_4 \cdot 7H_2O$ 1.5g，维生素B_1 0.01g，琼脂30g，水1L；周氏培养基（100g香灰菌培养物沸煮30min后8层纱布过滤取汁，麦芽糖10g，蔗糖10g，蛋白胨2g，KH_2PO_4 1g，过磷酸钙1g，$MgSO_4$ 0.5g，琼脂30g，水1L）；促萌发培养基（100g香灰菌培养物沸煮30min后8层纱布过滤取汁，麦芽糖10g，蔗糖10g，硫酸铵1g，$MgSO_4 \cdot 7H_2O$ 1.5g，KH_2PO_4 1g，琼脂30g，水1L）。

气生菌丝直立、斜立或平贴于培养基表面，直径1.5～3μm，有横隔膜，有锁状联合，生长速度较慢（图2-7）。达到生理成熟阶段，条件适宜时，形成子实体。

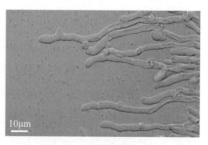

图2-7　银耳菌丝形态
（共聚焦显微镜NIKON A1 plus观察）

香灰菌丝在PDA和完全培养基上白色，羽毛状，老后逐渐变成浅黄、浅棕色，培养基由淡褐色变为黑色或黑绿色，气生菌丝灰白色，细绒毛状，有时有碳质的黑疤，无锁状联合。改变培养基碳氮比黑色素产生情况也会改变，碳源不足对菌丝生长速度影响不大，但菌丝纤细稀疏，且不产黑色素；高无机盐含量和添加吐温20会对菌丝生长产生抑制，

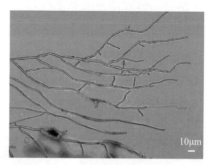

图2-8　香灰菌菌丝形态

菌丝致密边缘粗糙，菌丝老化明显较快，可产少量黑色素。在一定pH范围内酸碱度对该菌株菌丝生长及黑色素的产生影响不大。光照条件不仅影响菌丝生长速度，还影响黑色素的产生。分生孢子（一般少见）黄绿色至草绿色，近椭圆形，直径3～5μm（图2-8，图2-9）。

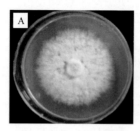
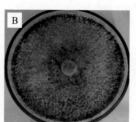
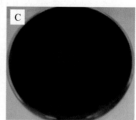

A. 培养6d；B. 培养14d；C. 培养14d平板背面

图2-9　香灰菌菌丝形态

第二节　生活史

银耳属于典型的四极性异宗结合真菌，银耳的生活史比较复杂，包含一个有性生活周期和若干无性生活周期，一个完整的生活史，是从担孢子萌发到再形成担孢子。银耳担孢子能产生4种不同担孢子（AB、Ab、aB、ab）。银耳担孢子在适宜的培养基上萌发长成芽管，进而形成单核菌丝，相邻两条可亲合的单核菌丝相互结合，经质配形成锁状联合的双核菌丝，并逐渐发育成白毛团，当达到生理成熟后会逐渐胶质化形成银耳原基，并进一步发育成子实体。成熟的子实体两面都有子实层，在子实层上发育有担子，担子上又生4个不同极性的担孢子，担孢子弹射后又开始新的生活史（图2-10）。除此之外，银耳担孢子在一定条件下会产生次生担孢子，或以芽殖方式增殖形成酵母状孢子（yeast-like spores from basidiospore，BYLs）。这两种孢子在适宜的条件下培养后，也可在菌落边缘萌发形成白色纤细的单核菌丝，并按上述方式完成其生活史。双核菌丝当受到环境条件的刺激后也可形成双核酵母状孢子（dikaryotic yeast-like spores from fruiting body and mycelia，FBMds），FBMds可直接萌发成双核菌丝。

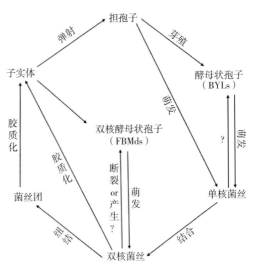

图2-10　银耳的生活史

第三节　生长发育条件

一、营养

银耳是一种较为特殊的木腐型真菌，自然界中主要着生于阔叶树枯枝上。纯银耳菌丝可直接利用简单的碳水化合物如单糖（葡萄糖）、双糖（蔗糖），而对纤维素、半纤维素、木质素、淀粉等复杂化合物的直接利用能力很弱，有赖其伴生菌，即"香灰菌"的分解才能被银耳菌丝所利用。此外，在整个生长周期中还需要蛋白质、矿物质等营养成分。因此，人为满足银耳各个时期生长所需要的营养是栽培成功的关键。

二、水分和湿度

银耳菌丝抗旱能力较强，菌丝体在一定条件下易产生酵母状孢子。香灰菌菌丝耐干旱能力较弱，在潮湿的条件下，生长比较旺盛。因此，在发菌阶段，袋栽培养基含水量一般不超过60%。以棉籽壳为主的培养基含水量应以50%~55%为宜，以段木为培养材料时其含水量控制在42%~47%。以木屑为主的培养基含水量一般掌握在48%~52%。发菌阶段，室内空气相对湿度控制在55%~65%。在子实体分化发育阶段，逐渐提高空气相对湿度至80%~95%，干湿交替有利于银耳子实体的生长发育。湿度不足或不平衡，会导致细嫩耳基和已形成的子实体枯萎。

三、温度

银耳是一种中温型、耐旱、耐寒能力强的真菌。担孢子在15~32℃可萌发为菌丝，以22~25℃最为适宜。菌丝抗逆性强，2℃时菌丝停止生长，0~4℃冷藏16个月仍有生活力。菌丝的生长温度为6~32℃，以23~25℃生长最适宜，30~35℃易产生酵母状分生孢子，35℃以上菌丝停止生长，超过40℃菌丝细胞死亡。子实体生长发育阶段20~26℃时耳片厚、产量高。长期低于18℃或高于28℃，其子实体朵小，耳片薄，温度过高易产生"流耳"。香灰菌菌丝在6~38℃皆可生长，最适生长温度为25~28℃，耐高温，但不耐低温，低于10℃菌丝生长缓慢、萎蔫，失去分解培养基的能力。

四、空气

银耳是好气性真菌，整个生长发育过程中始终需要充足的氧气，尤其是在发菌的中后期以及子实体原基形成后，即呼吸旺盛的时期，更需要加强通风换气，特别注意的是，一定要温和地通风换气（即保持空气新鲜、风速、气温和湿度适宜等）。氧气

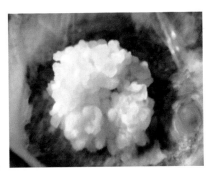

图2-11　不开片银耳形态

不足时，菌丝呈灰白色，耳基不易分化，高湿不通风的条件下，子实体成为胶质团不易开片（图2-11）。即使成片，蒂根也大，商品质量很差，易造成烂耳和杂菌孳生。一般菇房内0.1%以上的CO_2浓度就会对银耳子实体产生副作用，含量过高，会导致子实体畸形。若室内栽培期间需要用煤火加温，一定要安装排气管排气。

五、光线

子实体分化和发育阶段需要一定的散射光，不同的光照对银耳子实体的色泽有明显影响，暗光条件下，耳黄子实体分化迟缓，增加适当的散射光，耳白质优；光线过暗，子实体分化迟缓，直射光

不利于子实体的分化和发育。在银耳子实体接近成熟的4～5d，室内应当尽量明亮，这样会使子实体更加质优色美，鲜艳白亮。

六、酸碱度

银耳喜微酸，其孢子萌发和菌丝生长的适宜pH值为5.2～5.8，pH值4.5以下或pH值7.2以上均不利于银耳孢子萌发和菌丝生长。

上述各种环境因子对银耳生长发育的影响是全面的、综合的。在栽培管理中，不能只重视某些条件而忽略其他条件，在银耳所要求的各种条件中，它们之间既有矛盾又互相联系。如在室内栽培时，要求适宜的温度、湿度和充足的氧气，但如果加强通风换气后，室温和空气相对湿度也会相应减少。

第三章　菌种制作

银耳菌种的分级方式和其他食用菌基本相同，也分为母种、原种和栽培种，也称为一级种、二级种、三级种。但由于银耳菌种是由银耳和香灰菌混合培养而成的，所以银耳的各级菌种都必须让银耳和香灰菌按比例协调地生长，这跟其他食用菌有明显的区别，所以银耳各级菌种的制作方法也和其他食用菌不一样。

一、菌种制作的基本原理

银耳菌种是由银耳和香灰菌混合而成的，银耳菌种的制作需要通过纯培养的方法分别获得银耳菌和香灰菌，然后配对混合培养获得适合生产的菌种。野生和人工栽培时银耳和香灰菌都是混合在一起的，需要根据银耳和香灰菌的特性差异进行分离。

1. 银耳菌丝特点

不能降解天然材料中的木质纤维素，在木屑培养基中不能生长或生长速度极慢，仅在耳基周围或接种部位数厘米内生长，远离耳基、接种部位处没有银耳菌丝；银耳菌丝易扭结、胶质化形成原基（耳芽）；耐旱，在硅胶干燥器内2~3个月不会死亡；不耐湿，在有冷凝水的斜面培养基上易形成酵母状孢子。

2. 香灰菌丝特点

与银耳菌丝相反，香灰菌丝生长速度极快，不仅能在耳基周围或接种部位3cm内生长，而且远离耳基、接种部位处也有生长；

香灰菌丝生长后期会分泌黑色色素，使培养基变黑；香灰菌丝不耐旱，基质干燥后即死亡。

二、制种工具

菌种制作中常用的工具有接种钩、接种环、手术刀、剪刀、镊子、接种铲、小铁锤、涂布棒、拌种机等（图3-1）。

依次为接种钩、接种环、手术刀、剪刀、镊子、
接种铲、小铁锤、涂布棒、拌种机

图3-1　制种工具

三、菌种场的布局

菌种生产需要规范的场所，银耳菌种厂都要具备原料仓库、培养基制作区、试管制作区、灭菌区、冷却室、接种室、一级种培养室、二级种培养室、三级种培养室、菌种搅拌室、菌种待发间等相应独立场所，场所布局是否合理，关系到工作效率和菌种污染率的高低。

银耳菌种厂布局根据地形、风向安排走向，物料区、生产区和生活区处于下风口处，接种培养区处在上风口处。物料区、生产区和接种培养区隔离开来，安排生产线流向，防止有杂菌和无杂菌的互相交错，如图3-2所示。

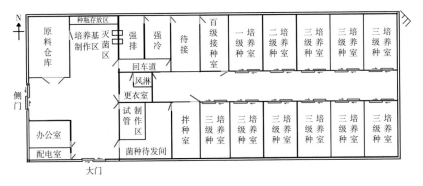

图3-2　银耳菌种厂平面布局

第一节　菌种制作

一、培养基的制备

1.试管培养基常用配方

（1）PDA培养基　马铃薯（去皮）200g，葡萄糖20g，琼脂20g，水1 000mL，pH自然。

（2）PDA加富培养基　马铃薯（去皮）200g，葡萄糖20g，蛋白胨/酵母粉5g，琼脂20g，水1 000mL，pH自然。

（3）银耳酵母状孢子萌发培养基（AL培养基）　麸液100mL，香灰菌浸出液500mL，葡萄糖10g，麦芽糖10g，硫酸铵1g，过磷酸钙1g，蒸馏水1 000mL。

2.母种、原种和栽培种的配方和制作方法

（1）母种和原种配方　银耳适生木屑73%，麸皮20%，蔗糖5%，磷酸二氢钾0.3%，硫酸镁0.2%，石膏粉1.5%，料水比

（1∶1.2）~（1∶1.3）。

（2）栽培种　银耳适生木屑78%，麸皮20%，石膏粉2%，料水比（1∶1.2）~（1∶1.3）。

如图3-3所示，按上述配方称取各成分的量，充分搅拌混匀，所用木屑需要提前2~3h预湿，然后装入750mL菌种瓶内，母种和原种装料量为瓶身的1/2~3/4，栽培种装料量为瓶身的1/3~1/2处，料面压平后清洗瓶壁内外，塞上棉花塞，高压灭菌。

备料、搅拌　　　　　装瓶　　　　　　压平

洗瓶壁　　　　　塞棉塞　　　　　　灭菌

图3-3　菌种培养基制作过程

二、银耳纯菌丝的分离

获得银耳纯菌丝的方法主要有担孢子弹射分离法、组织分离法、迫干分离法和耳木分离法。

1.担孢子弹射分离法

担孢子弹射分离法常用在育种中，其过程如图3-4所示。选取菌龄28d（即扩口10d左右）朵形圆整、开片整齐、无污染的银耳进行孢子弹射分离。将选好的银耳先用无菌水冲洗数次后放入超净工作台，在超净工作台里按无菌操作切取小块耳片。再用无菌水反复冲洗2～3次，随后用无菌滤纸或无菌纱布吸干耳片表面的水分，最后用无菌不锈钢小钩钩住耳片悬挂在底部有少量培养基的三角瓶内。同时，应注意三角瓶底部培养基表面不能有游离水、耳片不能碰到瓶壁，塞上硅胶塞，然后放在22～24℃恒温培养箱内，经24h，耳片上弹射出来的担孢子落在培养基表面形成孢子印。此时，在超净工作台内取出耳片，然后继续在22～24℃恒温培养箱内培养2～3d，便可在培养基表面看见乳白色、糊状的小菌落，此即为银耳担孢子。

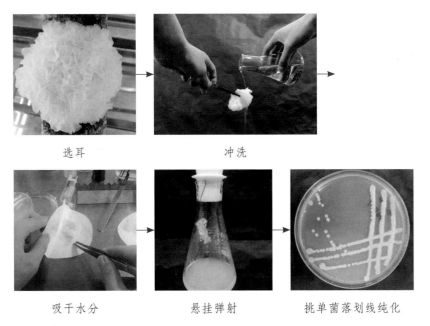

选耳　　　　　　　　　　冲洗

吸干水分　　　　悬挂弹射　　　挑单菌落划线纯化

图3-4　担孢子弹射分离法

在形成肉眼可见的菌落时就要进行提纯，即挑取单菌落进行划线纯化，获得的单菌落转入新的试管中进行培养。获得的担孢子在适宜的条件下可萌发形成银耳单核菌丝，不同交配型的单核菌丝质配可得具有锁状联合的双核菌丝。

2. 组织分离法

组织分离法，过程如图3-5所示，选取菌龄28d（即扩口10d左右）朵形圆整、开片整齐、蒂头紧实、无污染的银耳进行组织分离。用消毒过的小刀切下选好的银耳，在超净工作台中用无菌的手术刀在银耳蒂头处切取边长1～2mm的长方体组织块，在75%酒精中浸泡约1min，再用无菌水冲洗2～3次。然后用无菌滤纸或无菌纱布吸干组织块表面的水分，将其接种到PDA培养基上，注意培养基表面不能有游离水，随后放在22～24℃恒温培养箱内培养，3～5d后组织块上萌发出灰白色菌丝的应予以剔除，银耳蒂头组织中也可能有

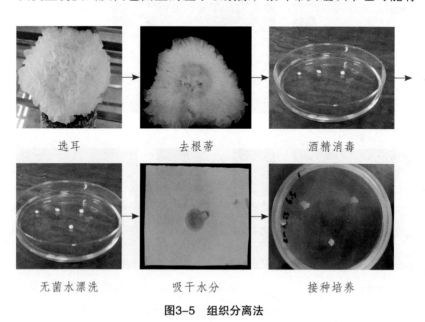

选耳　　　　　　　去根蒂　　　　　　　酒精消毒

无菌水漂洗　　　　吸干水分　　　　　　接种培养

图3-5　组织分离法

香灰菌，10～15d可在组织块上萌发出白色细密的银耳菌丝；若组织块表面水分没完全吸干或培养基表面含有游离水，则培养3d左右就可以在组织块周围形成乳白色的酵母状孢子，此时需要进行划线纯化，以获得纯的银耳酵母状孢子，在适当的条件下酵母状孢子便可萌发形成银耳菌丝。

3. 迫干分离法

迫干分离法是最常用的银耳分离方法，过程如图3-6所示。选取出耳早，长势快，耳片洁白、朵形圆整，子实体直径约4～6cm，无杂菌污染和病虫害的栽培袋或栽培瓶，切去银耳子实体后取银耳根蒂白色结实的基质块，将基质块置于底层放有变色硅胶或五氧化二磷干燥剂的玻璃干燥器中强行脱水15～20d，或置于阴凉通风处30d左右风干。取干燥后的基质块，表面喷上酒精点火灼烧后放入超净工作台中，在超净工作台里用坚硬的小刀将基质块切开，挑取内部

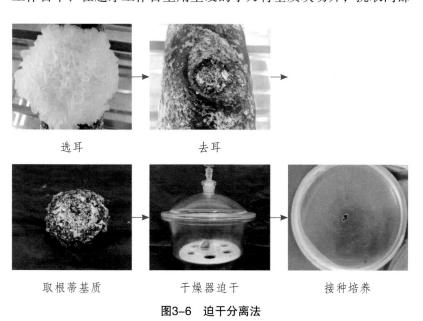

选耳　　　　　　　去耳

取根蒂基质　　　　干燥器迫干　　　　接种培养

图3-6　迫干分离法

米粒大小的基质接种到PDA加富培养基上，置于22～24℃恒温箱中培养，5～10d可萌发出洁白的银耳菌丝。

4. 耳木分离法

耳木分离法常用于野生银耳或段木银耳的分离，采用代料栽培的菌棒或菌瓶进行分离也称为基内分离法（图3-7）。选取银耳多、片宽色白、无杂菌的耳木，去掉银耳，经风干并用熏蒸剂驱虫（特别是螨虫）后，把耳木锯成2～4cm厚的木轮，表面喷酒精点火灼烧后放入超净工作台，通过银耳着生处把木轮纵切成两半，然后在耳基正下方木材内部剜取极小的木屑粉末，接种到表面无游离水的PDA培养基或试管斜面上，随后置于22～24℃的恒温培养箱中培养。数天后接种点附近就开始长出菌丝，剜取得粉末越细获得银耳纯菌丝的机会越大。

图3-7　耳木分离法过程

二、香灰菌的分离和纯化

香灰菌的分离和纯化，如图3-8所示，选取无污染的银耳菌棒或段木，表面消毒后放入超净工作台。在银耳生长点下方3cm左右的位置，段木可更深入一些，用锋利坚硬的接种针扣取少量黑色纹路上的菌丝，接种到PDA培养基上，然后置于24～26℃恒温箱中培养。1d左右就可以萌发出灰白色的菌丝，3d左右即可形成直径约2～3cm的圆形菌落，菌丝细密，5d左右可形成直径4～5cm的圆形菌落，接种点附近灰白色菌丝表面开始变黄，培养皿背面呈墨绿色或黑色，此时无菌操作挑取菌落边缘菌丝一点点转接到新的PDA培养基上，经2～3次挑尖端即可获得纯香灰菌。

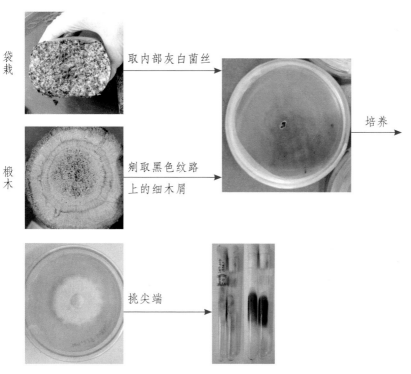

图3-8　香灰菌的分离和纯化

三、试管种制作

在超净台内，待接种针完全冷却后，挑取米粒大小的银耳菌丝接种在PDA斜面培养基或平板培养基中央，置于22～25℃下培养5～7d。待银耳菌丝长到黄豆大小时，再接入少许香灰菌丝，在同样温度下培养7～10d，即可形成白毛团。12～15d在白毛团的上方可见到有红、黄色水珠即为成功，此环节目前在生产过程应用较少。银耳和香灰菌的配对也可直接在母种培养瓶内进行，直接制成母种，如图3-9所示。

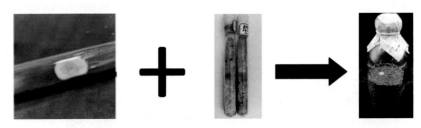

图3-9　试管种及母种的制作

四、母种制作

母种制作如图3-10所示，采用木屑培养基，将试管内配对形成的白毛团转接到木屑培养瓶，一般每支试管种接种一瓶母种培养基。如果试管不够，可在试管配对处分割成四块（保证每块都有银耳菌丝最为关键），分别接入四瓶母种培养基，放于22～25℃下培养15～20d，料面会有白色菌丝团长出，并分泌澄清透亮水珠，随后胶质化形成原基，待形成乒乓球大小的银耳时，即可进行原种（二级种）制作。如果没有银耳纯菌丝配对成的试管种，可将银耳酵母状孢子经摇瓶后培养成芽孢母种，再接入瓶装木屑培养基制成的香灰菌母种，混合培养，挑选出耳正常的作为母种。

在培养过程中注意观察，剔除杂菌污染、萌发慢、瓶壁上由颜颜线、香灰菌爬壁能力弱、生长不整齐、吐水浑浊、出耳不正常的（图3-11）。

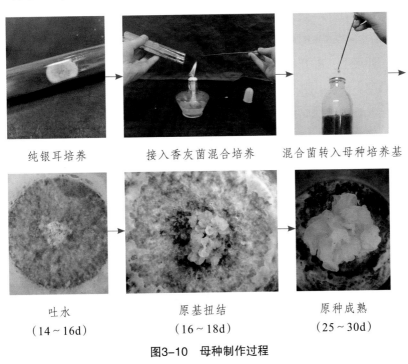

纯银耳培养　　　　　接入香灰菌混合培养　　　混合菌转入母种培养基

吐水　　　　　　　　　原基扭结　　　　　　　原种成熟

（14～16d）　　　　　（16～18d）　　　　　（25～30d）

图3-10　母种制作过程

（注：图示仅展示操作手法，操作过程均应在超净工作台或无菌接种箱中进行）

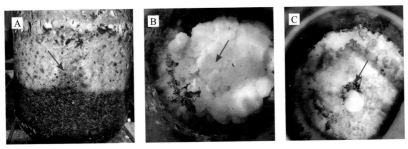

A.菌种污染杂菌；B.菌种中间长毛茸茸的白团；C.耳基长白毛

图3-11　银耳母种不良症状

五、原种制作

原种制作过程如图3-12所示,采用木屑培养基,配方和制作方法与母种基本一致。选择菌龄25～30d、瓶内银耳直径3～5cm、朵形圆整、开片整齐的母种进行原种的制作。在超净工作台或接种箱中无菌的环境下,破开母种瓶,小心去掉银耳子实体和表面的老化菌丝和"黑疤"点。用接种针挑取耳基下方2～3cm半球内米粒大小洁白的菌丝块,接种到原种培养瓶内,塞上棉花塞,22～24℃恒温环境中培养,培养过程中应定期观察菌丝及银耳的生长情况,剔除不良菌种。1瓶母种可扩接30～40瓶原种(二级种)。

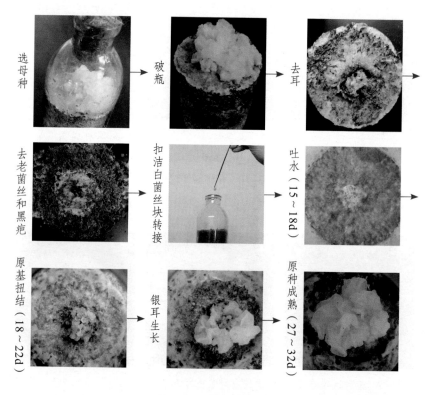

图3-12 原种制作过程

六、栽培种制作

栽培种生产过程如图3-13所示。选用27～32d、瓶内银耳直径3～5cm、朵形圆整、开片整齐的原种进行栽培种的制作。在超净工作台或接种箱中无菌的环境下，用接种铲小心去掉银耳子实体和表面的老化菌丝和"黑疤"点，然后用拌种机把根蒂结实的基质打碎

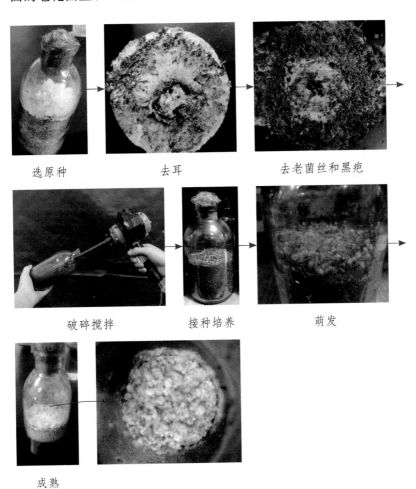

选原种　　　　　去耳　　　　　去老菌丝和黑疤

破碎搅拌　　　　接种培养　　　　萌发

成熟

图3-13　栽培种生产过程图解

和香灰菌搅拌混合均匀，用接种铲铲2～3勺约5g混合菌种接入栽培种培养基，振荡使菌种均匀分布于料面。一般每瓶母种或原种可接种40～60瓶栽培种。接种后置于22～24℃下培养8～12d，香灰菌向下生长约3～4cm，培养基表面形成白色结实的白毛团，分泌少量无色澄清水珠，瓶壁有青黑色花纹，即为适龄的栽培种，可以用于生产。

七、栽培种销售、运输

栽培种培养至适合菌龄即可进行销售，挑选无污染、香灰菌菌丝生长健壮、分布均匀、呈羽毛状，白毛团多且结实圆润，质优的栽培种搅拌后运至农户接种室内。注意在运输的过程中控制车厢内温度不高于25℃，最好配备专门的冷链运输车（图3-14）。

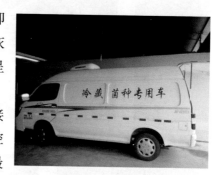

图3-14　菌种专用车

银耳菌种的制备同时可参考福建省地方标准《古田银耳标准综合体菌种制作规程》（DB35/T 137.5—2001）。

第二节　菌种质量检验

菌种质量检验是菌种制作的重要部分，在菌种生产的各个环节都要注意检验，及时去除不符合质量标准的菌种。菌种质量检验主要从感官、病虫害症状、真实性、活力等四个方面进行检验，在菌种生产过程中发现任何一个方面不符合要求，即可判断菌种不合格。

一、感官检验

感官检验是通过眼睛观察、鼻子闻、手触摸，必要时借助放大镜、显微镜等设备检验菌种的容器外观和菌丝体外观，从而判断菌种质量的方法，感官检验是实际生产中最常用的检验的方法。感官检验的要求如表3-1。

表3-1 菌种感官要求

菌种级别	菌种容器外观	菌丝体外观
母种	标签应注明品种名称、菌种级别、接种日期、保藏条件、保质期、菌种生产单位名称等；菌种瓶应无破损；菌种瓶塞（盖）应干燥、洁净、无脱落、无异味、无杂菌、无害虫和其他污染物。	白毛团应结实圆润；香灰菌丝爬壁呈羽毛状，分泌的黑色素均匀无杂色；无桔抗线；原基表面分泌液清澈透明；子实体耳片整齐、无异状。
原种		白毛团应结实圆润；香灰菌丝爬壁呈羽毛状，分泌的黑色素均匀无杂色；无桔抗线；原基表面分泌液清澈透明；子实体耳片整齐、无异状。
栽培种		培养基面出现许多小而紧实圆润的白毛团；香灰菌丝生长健壮、分布均匀、呈羽毛状；无桔抗线。

用显微镜观察菌种，银耳纯白菌丝纤细，粗细均匀，有锁状联合，锁状突起小而少。香灰菌丝细长，呈羽毛状分枝。

二、杂菌及害虫检验

1.感官检验

用放大镜观察培养物表面有无光滑、润湿的黏稠物；在棉花塞、瓶颈交接处或培养基表面上有无与正常菌丝颜色不同的霉菌斑点；打开装有菌种的棉塞或盖，鼻嗅是否有酸、腥臭等异味。若出现上述3种情况之一，则判定有杂菌污染。

2. 镜检

在培养物异样部位取少量菌丝体制片，于显微镜下观察，若有不同粗细菌丝或异样孢子存在，则判定有杂菌污染

3. 培养检验

在无菌条件下，于培养物上、中、下3个部位取绿豆粒大小的菌种块，分别接入肉汤培养基和PDA培养基中，接种完的肉汤培养基在35～38℃振荡培养18～24h，若浑浊则有细菌污染；接种完的PDA培养基在25～28℃条件下培养3～5d，观察菌丝颜色、生长速度、菌落特征、有无孢子产生等，与阴性对照组相比较，若有不同，则判定无霉菌污染，反之则有霉菌污染。

4. 害虫检验

从菌种不同部位取少量培养物，放于白色搪瓷盘上，均匀铺开，用放大镜或体视显微镜观察有无害虫的卵、幼虫、蛹或成虫，从而判断有无害虫。

同时，可进行菌种活力检测、采用DNA测序技术检测真菌保守性特异片段来检测菌种中含有银耳菌和香灰菌及银耳和香灰菌比例分析。

以上菌种质量检测具体参照国家标准《银耳菌种质量检验规程》（GB/T 35880—2018）。

第四章 主要生产技术

第一节 袋式银耳生产技术

　　银耳袋式栽培是利用塑料薄膜袋作为容器进行银耳生产的栽培技术，是目前应用最广泛的银耳栽培技术。袋式栽培虽然技术要求高，但原料来源广、成本低、周期短、产量高、品质好、管理方便，利于农民增产创收。银耳袋式栽培工艺流程（图4-1）。

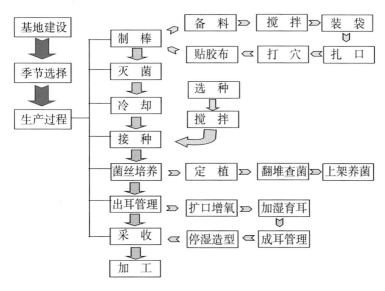

图4-1　银耳袋式栽培工艺流程

一、基地建设

栽培基地要求建设在交通便利，水源充足、周围无污染源的地方，主要包括养菌房和出菇房（也称耳房）。养菌房要求隔热保温效果好、开窗时通风换气快。耳房要求能密闭保温，开窗时通风好，耳房外观结构（图4-2），顶上采用"人"字形顶棚，墙体采用保温隔热效果好的材料建造，例如泡沫板、彩钢板。耳房长12～14m，宽4～4.5m，高4m，每间耳房有两个宽0.8～1m的走道，走道两端各一个门和一个侧窗，走道顶上开3个天窗，门约2×0.9m，侧窗约0.9×0.8m，天窗约0.9×0.8m。耳房在每次使用前3～5d需进行杀虫、消毒。

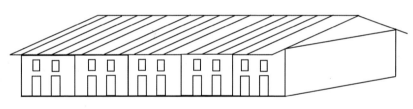

图4-2　耳房外观

出菇架可采用木质结构、镀锌钢管结构、塑包钢结构和不锈钢结构（图4-3），层架宽0.6m，高0.25m，层数为12～18层。

木架　　　　　镀锌铁架　　　　塑包钢架　　　　不锈钢架

图4-3　栽培房内的层架

二、季节选择

银耳属于中温恒温结实性菌类，出耳适宜温度为20～26℃。银耳整个栽培周期为35～45d。其中，菌丝生长阶段15～20d，发菌室温度要求20～26℃，不超过28℃；子实体生长期一般在18d左右，要求室温不超过26℃。自然条件下一年可以栽培两季。春季栽培在3—5月，秋季栽培在9—11月。我国各地气候不同，因此，要因地制宜，灵活机动。只需掌握银耳生长需要的适宜温度范围，即可安排生产。

近年来，由于工厂化栽培设施的不断完善，周年化栽培已经实现。然而工厂化周年栽培投资大、耗能大，需要谨慎投入。

三、制棒

1.备料

银耳是以分解木质素和纤维素为碳源的木腐菌，代料栽培的原料有阔叶树木屑以及棉籽壳、甘蔗渣、稻草、玉米芯等。辅料常为麸皮、米糠、玉米粉、石膏粉、黄豆粉等，所有原料要求新鲜无霉变。棉籽壳、谷壳、甘蔗渣等颗粒较小晒干后可直接使用，不需再粉碎；阔叶树如杨、柳、果树、桑树、柞树等需粉碎成2mm以内的颗粒，也可用木材切屑机一次把直径14cm以下的枝切成木屑。陈旧的木屑比新鲜的木屑更好。配料前应将木屑用2～3目的铁丝筛过筛，防止树皮等扎破塑料袋。常用配方如下。

（1）棉籽壳80%～84%，麸皮15%～19%，石膏1%～2%，含水量55%～60%（现行生产常用）。

（2）棉籽壳59%，木屑10%，甘蔗渣10%，麸皮15%，玉米粉5%，石膏1%，含水量55%～60%。

（3）杂木屑74%，麸皮22%，石膏粉1.5%，硫酸镁0.4%，黄豆粉1.5%，白糖0.6%。

（4）棉籽壳60%，木屑16%，麸皮20%，石膏粉1.5%，黄豆粉1.5%，硫酸镁0.4%，白糖0.6%。

（5）木屑60%，黄豆秆23%，麸皮15%，石膏粉2%，含水量55%～60%。

（6）莲子壳65%，棕榈屑15%，麸皮18%，石膏粉2%，含水量55%～60%（可用于有机银耳生产）。

2.搅拌

选择配方并根据配方称取所需原料，拌料前2～3h把主要原料预湿，然后同麸皮、石膏粉等混合搅拌，含水量控制在55%～60%。含水量粗略测量时可用手握培养料来判断，以指缝间无水迹，掌心有潮湿感为度；精确测量时可用含水量测定仪来控制。目前常用的搅拌方式如图4-4所示，有手推车式搅拌机、地陷式一级搅拌和漏斗式二级搅拌机及多种方式结合的搅拌方式。

A.手推车式搅拌机；B.地陷式搅拌机；C.漏斗式搅拌机

图4-4　搅拌过程

3.制包

如图4-5所示，培养料搅拌均匀后经传送带自动装袋机进行装袋、扎口、打穴、贴胶布，将制作好的料棒放进灭菌小车上用铲车运到灭菌间内进行灭菌。

装袋

扎口

打穴

贴胶布

装框

进柜灭菌

图4-5 制棒过程

四、灭菌

培养基装袋后须尽快灭菌，长久放置会使培养料中微生物大量繁殖而变酸，不利于银耳生长。常用的3种灭菌方式（图4-6）为自热式双门常压灭菌锅、锅炉供气式双门灭菌锅、双门高压灭菌锅。自热式双门常压灭菌锅，由传统的船式灭菌锅演变而来，工作温度一般在100℃。锅炉供气式双门微压灭菌锅，工作温度可达105℃。双门高压灭菌锅，工作温度可达127℃。

A. 自热式常压灭菌锅；B. 锅炉供气式双门微压灭菌锅；C. 双门高压灭菌锅

图4-6 不同灭菌方式

冷却场所需要事先清洗干净消毒，把灭菌后的料袋搬入冷却室，"井"字形堆垛。若发现穴口胶布翘起或破袋，应立即用胶布加以贴封，以防杂菌侵入。搬运用具需垫一层麻袋，以防刺破塑料袋。

五、接种

当料袋温度降至30℃以下时可进行接种，若料温超过30℃接种块会烫伤，甚至烫死。接种之前需要将接种室进行消毒，并将菌种进行预处理。

1. 菌种预处理

银耳菌种是由银耳菌和香灰菌混合而成的，银耳菌丝都集中在表面1cm的料面上，因此需提前12～24h在超净工作台或接种箱中（图4-7），进行菌种预处理，使银耳和香灰菌混合均匀。

 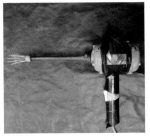 

　　选种　　　　　　　搅拌机　　　　　　　　搅拌过程

图4-7　菌种预处理

2. 接种室消毒

通常冷却室与接种室共用。先用5%石碳酸或1%新洁尔灭或125mg/kg的消毒液喷雾接种室，把接种室的尘埃沉降下来并杀灭附着的微生物，随后用福尔马林（5～10mL/m²）或气雾消毒盒（3～5g/m²）熏蒸2h。福尔马林毒性较强，刺激味重，接种之前需加热氨水或碳酸氢铵，以中和福尔马林消除药味。气雾消毒盒刺激味小，毒性也小，可直接进入接种。

3. 接入菌种

接种时在专用的接种台（图4-8B）上进行，一手撕起穴口上的
胶布，另一手持接种器（图4-8A）接种，随后把胶布粘回接种穴（图4-9），注意胶布要贴紧，否则容易引起"干穴"，严重影响后期出耳和品质。另有2~3人搬动、堆垛，按"井"字形堆垛。1瓶菌种一般接种30袋。

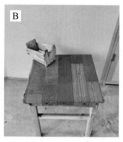

A. 银耳接种专用器；B. 接种台

图4-8 接种工具

图4-9 接种

六、养菌

接种后进行菌丝培养，菌丝培养可以在养菌房内也可在栽培房内（图4-10），一般按每排3~4个菌袋，横竖交错呈井字形堆放。堆高根据气温情况灵活掌握，一般不超过1.5m，高温季节每排3个，堆高不超过1m，冬季每排4个，堆高也应相应高些。养菌的管理技术要点见表4-1，菌丝长势可参考图4-11。养菌房内养菌，有利于控

制培养条件、菇房周转，在季节性栽培中有养菌房的每年可多生产1～2批次；出菇房养菌，养菌完直接就可以上架，方便快捷。

A.养菌房养菌；B.出菇房养菌

图4-10　菌丝培养

表4-1　袋式栽培养菌管理技术要点

培育天数（d）	生产状况	作业内容	环境条件要求			注意事项
			温度（℃）	湿度（%）	每天通风状况	
1～3	接种后菌丝萌发定植	菌袋叠垛室内发菌，保护接种口的封盖物	26～28	自然	不必通风	黑暗培养、室温不得超过30℃
4～8	穴中凸起白毛团，袋壁菌丝伸长	翻袋检查杂菌，疏袋散热	23～25	自然	2次各10min	防止高温，弱光，室温低于20℃时，需加温
9～12	菌落直径8～10cm白色带黑斑	耳房床架冲洗消毒，菌袋搬入耳房排放床架上，每天地面轻度喷水1～3次	22～25	75～80	3～4次，各10min	室温不超过25℃，注意通风换气
13～16	菌丝继续生长	每天地面轻度喷水1～3次	22～25	75～80	3～4次，各20min	菌袋穴口朝侧向，让黄水自穴外流

A. 3d萌发定植；B. 7d翻堆查菌；C. 9d上架养菌

图4-11 养菌过程（仅作参考）

七、出耳

上架培养到两个接种口生长出来的菌落边缘开始交叉，此时可以割膜扩口，进行出耳管理。各环节操作规程、技术参数参考见表4-2。出耳管理过程菌丝生长和出耳情况如图4-12所示，管理过程操作如图4-13所示。

表4-2 出耳管理技术要点

培育天数（d）	生产状况	作业内容	环境条件要求			注意事项
			温度（℃）	湿度（%）	每天通风状况	
16~19	菌丝继续生长，相邻两穴长出的菌丝开始交叉，个别穴口吐水珠	割膜扩口，穴口约4~5cm，菌包穴口朝下放置在层架上，调整菌包间距约3~4cm，覆盖无纺布或报纸，喷水保持湿润（或雾化加湿）	22~25	85~90	3~4次，各20min	穴口不能压到木架上

（续表）

培育天数（d）	生产状况	作业内容	环境条件要求			注意事项
			温度（℃）	湿度（%）	每天通风状况	
20~22	淡黄色原基形成，原基分化出耳芽	喷水保湿无纺布或报纸的湿润	20~22	90~95	3~4次，各30min	室温不低于18℃，不高于28℃，适时采取升降温措施
23~28	朵大3~6cm，耳片未展开，色白		20~24	90~95	3~4次，各20~80min	耳黄多喷水，耳白少喷水，结合通风，增加散射光
29~32	朵大8~12cm，耳片松展，色白	翻筒，耳片朝上，避免耳片接触层架影响朵型和造成烂耳	20~24	90~95	3~4次，各20~30min	以湿为主，干湿交替，晴天多喷水，结合通风
33~38	朵大12~16cm；耳片略有收缩，色白，基黄，有弹性	停湿造型，停止喷水，控制温度，成耳待收	20~23	80~85	3~4次，各30min	注意通风换气，避免温度急剧变化
39~43	菌袋收缩，耳片收缩，边缘干缩，中间有些硬	采收	常温	自然		

八、采收烘干

采后应及时分选，用锋利的小刀削去蒂头上的栽培料及污染部分，然后放入清水池中浸泡清洗，以使耳片更加饱满、舒展、透亮，经此步骤烘干后朵型更加圆正、美观，产品质优。

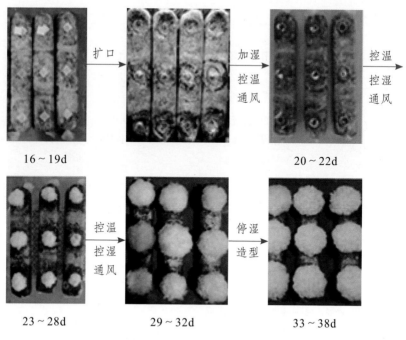

16～19d　　　　　　　　　　　　　　　　　　20～22d

23～28d　　　　　29～32d　　　　　　33～38d

图4-12　出耳过程菌丝生长和出耳情况

　　将清洗干净的银耳依次排列放于竹筛上，控制好每朵间的间距。清洗后进行烘干，目前，干燥方法有热风烘干和冷冻干燥两种，冷冻干燥因耗能巨大，生产上比较少用。热风干燥有锅炉热风烘干和空气能热泵烘干两种方式。两种方式都是将清洗沥干后的银耳放入烘干设备中脱水烘制，刚开始应猛火快烘，使设备内迅速升温，使温度逐步上升到70～80℃，2～4h为一个周期进行调筛、翻面、出厢。出厢后堆叠在洁净空旷干燥的地方降温回潮，因为刚出厢的银耳温度较高，含水量不到4%，耳片太脆，不宜直接装袋。采收烘干流程，如图4-14，图4-15所示。

扩口　　　　　　　　　　　　　　　　　排筒

盖报纸（雾化加湿可不用）　　　　打水加湿　　　　　观察调筒

图4-13　出耳管理操作

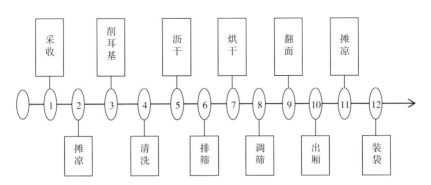

图4-14　烘干流程

A. 削蒂头；B. 清洗；C. 排筛；D. 沥水；E. 烘干；F. 摊凉；G. 装袋

图4-15　采收烘干过程

第二节　段木银耳生产技术

一、段木的准备

1. 树种的选择

选用除松、杉、柏、樟科和桉科以外的阔叶树。以树龄7~8

年，直径8～16cm的栓皮栎或麻栎为宜。

2.砍伐截段

在树木落叶至萌发前砍伐为宜。此时，段木内营养丰富、含水量低，树皮与木质部结合紧密不易脱皮。砍伐坚持砍大留小的"择伐"原则，这可合理利用森林资源保持生态平衡。砍伐应在晴天进行，砍伐后10d左右剔枝、截成1m长的木段（图4-16），断面可用石灰水消毒。

图4-16　砍伐及剔枝截段

3.段木架晒

选择地势平坦、通风干燥、生态环境良好、远离污染源的场所，将段木以井字形、三角形等方式堆叠，自然风干失水到原重量的80%～85%，两端截面有放射状裂纹时为佳（图4-17）。

图4-17　段木架晒及风干后断面的放射状条纹

二、接种

1. 接种时间

银耳是中温结实型食用菌，应根据当地气候条件、海拔条件等因素确定接种发菌时间。一般在春季气温稳定10℃以上可开始接种，清明前后接种最佳，应在气温20℃以下完成接种工作。一般海拔越高，接种可稍顺延推迟。

2. 场地

在室内或室外荫棚下均可，场地应清洁、卫生、干燥，避免阳光直射或雨淋，接种前后应认真清理场地并消毒。

3. 打孔

用电钻或啄斧等工具在段木上打孔（图4-18，图4-19，图4-20），孔径约1.6cm、打孔应深入木质部1～1.2cm，孔间距8cm，行间距6cm，如图4-20所示，呈"品"字形排列。

图4-18　啄斧及用啄斧在段木上打孔

4. 接种

菌种瓶表面、接种工具等可用0.1%的高锰酸钾溶液或75%酒

图4-19　用电钻在段木上打孔

图4-20　打孔的电钻及孔径

精擦拭消毒。随后，将银耳菌丝体和香灰菌丝体充分捣碎、混合拌匀。用木棒和铁皮漏斗将拌匀的菌种接入孔中（图4-21），用锤子将树皮敲平敲紧，或用菌种将接种孔填满压实（图4-22），每瓶菌种接40～50kg段木。生产中有的将银耳菌种掰成蚕豆大小接入孔中，填满压实（图4-23），每100kg段木需用1.5kg菌种。

图4-21　拌匀的菌种接入打孔后的段木

图4-22　将菌种掰成小块接入打孔后的段木

图4-23　用铁锤将啄斧打孔的树皮敲紧压实

三、发菌

1. 场地

菌棒接种后，应立即堆码发菌，民间称"发汗"。选择通风向阳，无污染、清洁卫生，地势开阔、排水良好的场所发菌。耳棒放入前1～2d对场地进行消毒和杀虫处理。

2. 建堆

在地面上撒1层生石灰消毒，平行摆放2根枕木间距60cm，在枕木上以"井"字形码放耳棒，或以"顺码柴堆式"码放，并以大径、小径耳棒分堆排放为宜。顶部将耳棒顺码成龟背型，上放少量的去叶细树枝和竹枝，用塑料薄膜覆盖增温发菌，薄膜最好勿接触段木，避免液滴渗入段木引起污染。一般堆高100～140cm，堆长以不超过10m为宜。塑料薄膜上再覆盖阔叶树枝或茅草，防阳光直射。将温湿度表放于"发汗"堆最中心的位置，定期观察温湿度。建堆发菌时应填写接种记录卡，并按照不同菌种厂家、不同耳棒来源分开建堆管理（图4-24）。

图4-24　建堆发菌

3. 温湿度控制

发菌期持续40~45d，堆内温度以23~28℃为宜。发菌期湿度控制在65%~85%，在发菌前期约65%，中期75%左右，发菌后期可达到80%左右，注意后期随着气温的升高，注意遮阳、通风，防止高温烧菌。发菌中后期可每天中午，掀起发菌堆两端的覆盖物通风2h（雨天除外）。发菌后期可在薄膜上加盖草帘，防止温度过高。

以覆盖耳棒的薄膜上有少量雾状水气为宜，若薄膜上聚集有水珠，说明堆内湿度过大，需要排湿；若薄膜表面无雾状水气，则说明湿度不够，需要补水。温度过高、湿度过大时会造成过早出耳，使菌丝无法向木质部更深处延伸，影响后期出耳的质量和产量。因此，遇到这种情况需及时揭膜降温通风，同时还要注意遮阳防止高温烧菌。

4. 翻棒补水

接种后15~20d可第一次翻棒，此后间隔7~10d翻堆一次。翻堆时间以早晚为宜。将耳棒上下、内外互调位置，使耳棒发菌均匀。翻堆时应注意轻拿轻放，避免碰伤树皮，碰散接种穴内的菌种（图4-25）。翻棒期间适时给耳棒补充水分，发菌15~20d可进行第一次补水，喷水量以耳棒表面"干不见白、湿不滴水"为宜。中后期则根据耳棒的粗细、材质的松密、失水情况、界面裂纹和堆内空气湿度等情况适量补水，以保持树皮潮润为宜。一般第二次翻棒轻补水，排堂前最后一次翻棒重补水。轻补水按每立方耳棒补水少于25kg，重补水大于50kg。发菌期一般补水3~4次。翻棒中发现污染严重的耳棒应及时清理。

图4-25　翻棒

5. 发菌结束

耳棒断面菌丝体长至木质部4~5cm，30%以上耳棒出现耳芽时，完成集中发菌（图4-26），应进行排堂。

图4-26　发菌结束后的耳棒

四、出耳管理

1. 耳堂建设

耳堂应选择在地势平坦、空气新鲜通畅、保湿保温、近水源、周围无污染源、扬尘源、病虫滋生源，排水系统畅通、"七分阴三分阳"的地方进行耳堂的搭建。耳堂一般长10m宽4~4.5m，边高2~2.2m，中高3m左右。建造前先清除杂物杂草平整土地，然后用毛竹或木棒搭建好主架，再用塑料薄膜覆盖，根据需要在薄膜的合适位置开设窗户、门等，一般为对开门、错开窗，薄膜底下四周用土压实。

薄膜上可再加盖茅草、草帘等以加强保温保湿能力。林下栽培时可在薄膜上再悬挂一层遮阳网，达到降温、遮蔽阳光、避免阳光直射的目的。耳场堂及四周还应开挖适深的排水沟，以利雨天排水。当需搭建多个出耳堂时，两耳堂间需留足够的间距以利通风换气（图4-27）。

图4-27 耳堂建设

耳堂搭建完毕后，将耳堂密闭熏蒸消毒，地面可用生石灰消毒，耳场周围用1∶2 000浓度的菇虫净喷雾，对菇蚊、菌蛆、线虫、跳虫进行杀灭。不同栽培地的气候条件、地形地势不一，应根据银耳的生理特点选择不同的栽培形式，例如，荫棚栽培、树荫栽培、溪沟栽培、坑道式栽培、地上式耳棚栽培、林下耳棚栽培、室内栽培等（图4-28）。

2. 排堂

耳棒排堂前，确保耳堂内干净无污染，必要时可再次进行消毒处理，可将耳堂密闭用气雾消毒剂熏蒸消毒。

在耳堂内，对门正中沿长边设操作道，宽约1m。操作道两侧排两组耳棒，每组宽1～1.1m，每组耳棒与耳堂边缘间距0.5～0.8m便于后期翻棒采耳。根据场地的大小，可按"人"字形和"井"字形排放耳棒。

图4-28 不同类型出耳棚

对于"人字形"的排放方式，在耳场内架设好排棒的架杆，高约70cm。将耳棒从架杆两侧斜靠于架杆之上，角度约为80°。对于"井"字形的排列方式，则需将棍棒一端削尖做立柱，钉于地面上。根据耳场的长度决定钉立柱的个数，每排钉立柱2列。用长毛竹将每列立柱固定在一起，用毛竹将2列立柱横向固定成"梯子形"，也可直接将耳棒置于长毛竹上。固定用的毛竹离地面高80cm。将发好菌的耳棒斜靠于毛竹上，斜靠的角度为80°，每根菌棒的间距为5~8cm，每排菌棒之间的间距为8~10cm（图4-29）。

3. 出耳管理

出耳阶段控制温度、调节湿度是种植成功的关键环节，出耳期温度控制在22~28℃，湿度控制在85%~90%为宜，做好保温、降温、通风工作。温度偏低时，可适当减少薄膜上的覆盖物增加阳光的透过率，在中午气温回升时进行通风换气。温度过高时，可适当加厚覆盖物、早晚打开窗户及薄膜加强通风换气，也可采用向薄膜顶部喷射冷水进行降温。

湿度管理方面，喷水可参照以下原则：晴天多喷，阴天少喷，雨天不喷；耳木上部多喷，下部少喷；耳片大、干、黄的可多喷，耳片小、湿、白的可少喷；耳木粗、树皮厚、木质紧密的可少喷，耳木细、树皮薄、木质疏松的可少喷；当风处耳棒多喷，背风处耳棒少喷；喷水可在早晚进行，高温忌喷。

出耳期需要散射光，耳堂内应保持"七分阴三分阳"，出耳中期光照强烈时，适当加厚遮阴物（图4-30）。

图4-29　"人"字形及"井"字形排堂

图4-30　出耳

4.病虫害防治

银耳病虫害的防治应以预防为主，主要以物理防控为主防控银耳病虫杂菌危害，重点严把环境、菌种和菌材关。

接种前要严把菌种关，选用来源清楚可靠的菌种，菌龄适宜，生活力强，不含杂菌螨虫等。接种用的段木树皮应保持完整，不附着地衣、苔藓等物，必要时可在阳光下暴晒8~12h，并在截面涂抹石灰水杀菌。在发菌和出耳阶段发现段木上有杂菌感染要及时取出，在远离耳堂处用浓石灰水或杀菌药物对污染部位进行处理，必要时可予以销毁。

出耳期间注意控制耳堂内的温度与湿度，加强通风换气，温度过高湿度过大除易引起霉菌感染外，也会造成流耳，影响产量和品质。

耳棒的发菌场所和耳堂周围的杂草丛、污物等必须予以清除，在使用前都应进行空间、地面消毒。可撒上石灰或使用符合生产规定的农药进行杀菌杀虫处理。空棚时可对耳棚进行灌水，地面浸水2~3d杀灭土壤中的害虫。在出耳棚出入口增加防虫网缓冲间或纱帘，通风窗安装防虫网，阻挡大棚外的害虫飞入大棚内繁殖为害。

推荐使用粘虫板和杀虫灯。粘虫板放置在耳棒上方0.5m左右，粘虫板数量根据菇棚面积确定，粘虫板上粘满成虫后及时更换。在有电源的耳棚中悬挂诱虫灯，白天关闭，晚上开启，悬挂于离地1.8m高处，每150~200m^{2}悬挂1盏，定期清理接虫袋。

对于双翅目虫害可选用Bt生物杀虫剂，该制剂含有对双翅目虫害有专一胃毒作用的毒蛋白晶体，对其他微生物和人畜无害。段木进棚后即可进行第一次用药，1 200 IU/mg制剂稀释500~800倍喷雾使用。对于菇蚊、菇蝇、瘿蚊、毛蠓、跳虫、螨虫等害虫的化学防控应选择登记在食用菌上使用的农药，并在出菇间隔期使用。

5. 采收与加工

当银耳长至7~8成熟，耳片充分展
开、颜色洁白半透明、朵形圆正、尚有
弹性，用手指触摸银耳，中间无硬心时
便可开始进行采摘。一般5~7d采收一
次。采收前停水1d。采耳时，用手将整
多银耳采下。采耳应采大留小，采弱留
强，达到采收标准均可采收，烂耳、霉
变耳基也需一并去除（图4-31）。采耳
后，将耳棒上下颠倒，使耳木内水分分
布均匀。

图4-31　采收

采耳后应及时刮去蒂头处的杂质，修剪耳脚时应注意保持朵形
完整。再用清水把耳片上的杂质泥沙淘洗干净，但注意不能在水中
浸泡过久，以免影响银耳的朵形和质量。漂洗完毕后的银耳要及时
进行脱水干燥，可选择晒干、烤干、电热鼓风干制或远红外线干燥
等多种干制方式（图4-32）。间歇养菌后再行下潮耳的催耳和育耳
管理。

图4-32　漂洗与烘干

第三节　银耳工厂化瓶式生产技术

目前，我国银耳栽培以传统袋栽为主，福建省祥云生物科技发展有限公司是我国最大的银耳工厂化瓶式栽培企业（图4-33）。瓶式栽培从拌料、装瓶、灭菌、冷却、接种、养菌、脱盖、出耳、采收、清洗、烘干、挖瓶等关键环节，均采用机械自动化操作，在提高工效、减少用工、降低污染、提高产品质量等方面具有突出优点。本章节以该公司银耳瓶式栽培工艺流程为例进行介绍。

图4-33　祥云公司鸟瞰图

一、功能区布局

银耳工厂化瓶式栽培的厂房以钢结构为主，主体采用聚氨酯冷库保温板，地面和大部分功能区布局与袋栽工厂化设计相同，功能区面积由生产能力决定（图4-34）。

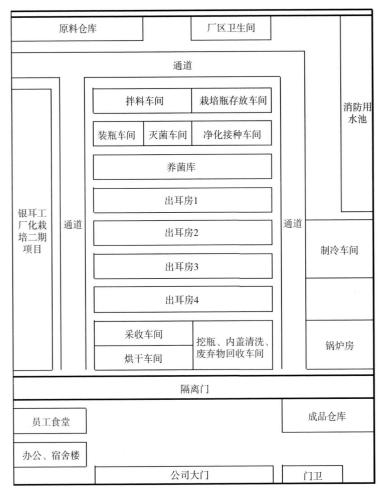

图4-34 工厂平面布局

1.原料仓贮区

银耳工厂化栽培应配备专用原料仓贮库，仓贮库应相对独立，紧邻拌料车间。仓库地面应进行防潮处理，设双门，前出后进，配有小量辅料储存库（图4-35，图4-36）。

图4-35 原料仓库双开门

图4-36 原料仓库内景

2.配料拌料区

采用室内配料、拌料模式，该区紧邻填料装瓶区。单独隔离出专用封闭区域，减少粉尘对后期操作的影响。

3.填料装瓶区

通过输送系统，将拌好的培养料、栽培瓶、内盖、外盖传送至装瓶车间，实现自动化填料、封盖、码垛（图4-37）。

4.灭菌接种区

将填料后的栽培瓶筐通过机械手置于灭菌小车，人工推入灭

图4-37 自动化装瓶

菌柜高压灭菌（图4-38）。灭菌后预冷、强冷，在净化车间进行接种，接种室旁配有的菌种培养室。

5.养菌区

接种后的栽培瓶输送至此区进行菌丝培养，该区域应配有温控、除湿、通风、内循环装置（图4-39）。

图4-38　灭菌锅　　　　　　　图4-39　养菌房

6. 出耳区

在此区域进行育耳、配有温控、通风、加湿、光照系统（图4-40）。

7. 采收加工区

成熟后的银耳传送至此区域，进行采摘、分选、泡洗、烘干（图4-41）。

图4-40　出耳管理　　　　　　图4-41　采收后加工

二、栽培瓶制作

1. 栽培瓶

银耳栽培瓶相对其他食用菌工厂化栽培瓶直径更大，瓶身较矮。栽培瓶内盖带有凸点，外盖带有通气口。培养料能否被充分吸收与栽培瓶的形状、大小、出口直径有很大关系，合适的栽培瓶可保证银耳产量与质量，且培养瓶抗压性好，适合工厂化生产（图4-42）。

图4-42　培养瓶整体外观和带内盖的培养瓶

2.配料

棉籽壳57%、玉米芯25%、麸皮17%、石膏1%。将棉籽壳、玉米芯、麸皮、石膏倒入拌料机，先干拌10min，再加水，再拌30min，抽取样品进行含水量测定，含水量控制在60%~61%（图4-43）。

图4-43　配料搅拌

3.装瓶

将搅拌好的培养料通过提升机，输送至双螺旋供料装置，通过控制落料口的挡板，控制落料量，进入装瓶系统。装瓶顺序为：填料、瓶口清理与打孔、盖内盖与外盖、码垛（图4-44）。

栽培空瓶运输至填料区

填料机实现精准填料

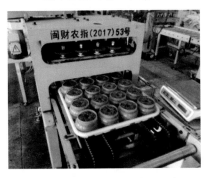
自动打孔机对料面进行清理、打孔

封内盖

封外盖

自动码垛

图4-44　装瓶流程

4.灭菌

采用抽真空双门高压灭菌（图4-45）。每筐放16瓶，每层放3筐，每车放15层，每车装载720瓶，每柜灭菌15 000瓶（图4-46）。采用抽真空的高压程序进行灭菌。

图4-45　双开门自动高压灭菌器

图4-46　灭菌小车人工推入灭菌柜

5.冷却

灭菌结束后，待温度降到100℃以下，压力降为0后，打开灭菌锅，将菌瓶拉入冷却室进行冷却（图4-47）。

6.接种

栽培瓶温度降至28℃时进行接种。将搅拌均匀的栽培种接入栽培瓶，盖上外盖，输送至养菌车间（图4-48）。

图4-47　冷却室

三、养菌

接种后的栽培瓶通过输送带传送至养菌库，采用分库培养方式，养菌周期20～21d。养菌库温度控制在23～25℃，湿度控制在

图4-48　接种室和菌种培养室

图4-49　一次培养库和二次培养库

70%～75%，CO_2浓度保持在0.4%以下，暗光培养（图4-49）。

1. 一次培养

培养时间10～11d，堆放密度1 200～1 300瓶/m²，当菌丝生长完全覆盖瓶口料面（图4-50），长到瓶内料面高度约1/2时，进入二次培养。

2. 二次培养

培养时间9～11d，为预防烧菌，采用层架式养菌。当菌丝生长基本满瓶，出耳口开始吐黄水时，准备进行出耳管理（图4-51）。

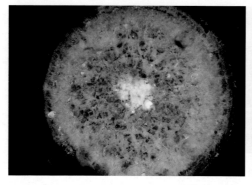

图4-50　一次培养结束时菌丝长满瓶口料面　　图4-51　二次培养结束时菌
丝基本满瓶

3. 脱盖

二次培养结束（接种后20～21d），此时将栽培瓶传送至脱盖车间，先脱去外盖（图4-52），外盖通过输送带传送回装瓶车间，再清扫内盖表面，后将栽培菌翻转倒置，传送至出耳房（图4-53）。

图4-52　栽培瓶自动脱外盖　　　　　图4-53　栽培瓶自动翻转倒置

四、出耳管理

1. 出耳房所需的设备、设施

银耳出耳开片需要充足氧气，所以制冷设备需要采用大功率的中央降温系统、新风补充系统、超声波加湿系统，以满足换气快进快出，且耳房温度、湿度相对保持稳定，温差不超过3℃。

（1）出耳房　耳房长不超过15m，宽根据需要而定，高不超过4.5m，通道0.7m，层架宽1.1m，层架高不超过4m，层与层间距不低于0.28m，耳房上方回气，下方进气、排气（图4-54）。采用中央大功率制冷方式，达到耳房快速降温，保持耳房换气后温度相对稳定（图4-55）。

图4-55　出耳房

图4-55　中央制冷车间

（2）新风补充系统　新风通过预冷（预热）后，注入耳房（图4-56，图4-57）。

图4-56　新风补充系统

图4-57　补新风管道

（3）加湿系统　水通过超声波雾化后，采用立式加湿，保证耳房各部分加湿均匀（图4-58）。

（4）光照系统　子实体生长阶段，需要一定的弱光，采用LED灯带竖式补光（图4-59），有利于菇体颜色变浅。

图4-58　超声波加湿系统　　　　图4-59　LED灯带竖式补光

（5）栽培筐　采用共聚丙烯注塑而成，栽培筐规格55cm×55cm（图4-60），底面要有与栽培瓶口相对应的圆孔，以利于栽培瓶倒置出耳。

图4-60　栽培周转筐

2. 出耳管理

出耳阶段由于不同时期管理重点不同，可分为前期、中期、后期管理。

（1）前期管理　脱盖后的栽培瓶（接种后20～21d），开始催蕾。通过输送带传送至出耳房，瓶口朝下，倒立摆放在出耳层架上（图4-61）。此阶段出耳口会吐黄水，重点要保持空气新鲜，促进子实体形成，预防出耳口污染。出耳房温度控制在22～24℃，相对湿度控制在90%以上，CO_2浓度保持在0.2%～04%，出耳房光照控制在500Lx，脱盖后3d可出现原基，5d后原基明显凸起，8d已覆盖出耳口，第11d原基已经达到7～8cm，此时应进入中期管理（图4-62）。

图4-61　倒立摆放催蕾

第26d

第29d

第32d

图4-62　接种后的子实体

（2）中期管理　接种后第32～33d，子实体长到7～8cm时进行翻筐（图4-63），让瓶口朝上，进入出耳中期管理。此阶段子实体迅速膨大，生理活性增强、好氧量增大、重点防止室内换气后温差过大，叶片积水、烂耳。此时库房温度控制在22～23℃，CO_2浓度控制

图4-63　接种后第32～33d进行翻筐

到0.2%～0.3%，空气相对湿度控制在90%～95%，通过超声波加湿方式给耳房加湿。当子实体长到直径12～14cm，叶片大部分连接，可进入后期管理。

（3）后期管理　接种后第38～39d（采收前6d）（图4-64），子实体长到直径12～14cm，叶片大部分连接，进入后期管理。出耳房温控制在22～25℃左右，CO_2浓度保持在0.2%～0.3%，此时应停止喷水，空气湿度控制在80%以下，降低子实体含水量，减少烂耳。让耳片自然收缩，培养基营养充分吸收。

图4-64　接种后第38～39d的子实体

六、采收与干制

1. 采收

接种后的第44～45d，培养基养分充分吸收（图4-65），子实体应及时采收（图4-66）。将栽培瓶通过输送带输送至采收车间，用特制刀具沿子实体基部一次性整个采收，并将蒂头清理干净（图4-67）。

图4-65　采收前的子实体

图4-66　采收

图4-67　清理蒂头

2. 清洗

清洗池采用不锈钢材料，配有浸泡池、杂质回收、气泡冲洗、翻转等装置。将清理过的银耳，放入清洗池进行清洗，时间控制在20～30min，通过气动冲洗方式自动清洗（图4-68）。

图4-68　清洗

3. 烘干

由于子实体基部较结实，用祥云LOGO图形刀在基部打上祥云银耳标志。烘干温度从低到高，通风量从大到小，烘干温度65～85℃，烘干时间12～14h（图4-69）。

打印祥云LOGO　　　　　旋流式烘干机自动烘干

烘干出炉的银耳　　　　带有祥云LOGO标记的银耳

图4-69　烘干与打印LOGO

七、挖瓶与内盖清洗

1. 挖瓶

采收结束后的瓶子由传送带送至自动挖瓶车间，通过脱内盖机，脱去内盖，将内盖传送至内盖清洗车间；挖瓶机将瓶内的废料挖出（图4-70），废料传送至专用车间当作锅炉燃料或有机肥厂添加料，废料应及时处理，不能放置过久（图4-71）。空瓶通过清扫干净后传送回装瓶车间。

图4-70　机械自动挖栽培瓶　　　图4-71　废料回收利用

2. 内盖清洗

内盖通过专用旋转网筛装置，将大部分杂质清除。再将内盖传送至浸泡池，浸泡5~8min，通过自动清洗装置将内盖清洗干净，最后将内盖烘干回收备用（图4-72）。

内盖过筛浸泡　　　　清洗内盖　　　　内盖烘干备用

图4-72　内盖清洗

第五章　银耳病虫害防控技术

第一节　常见病虫害的症状和防治

一、杂菌病害

1. 霉菌

发病规律　链孢霉：又称脉孢霉、粗糙脉孢霉、红面包霉，俗称红霉菌、红娥子。喜高温高湿，夏秋季易发生。链孢霉在玉米芯、棉籽壳上极易发生。银耳生产过程中常发生在接种后菌袋的培养基或接种口上，有的也发生在菌袋两端。链孢霉生长初期呈绒毛状，白色或灰色，匍匐生长，生长疏松。链孢霉孢子萌发后菌丝在料面迅速生长并形成黄色、橙红色或粉红色的霉层——分生孢子堆（图5-1），链孢霉菌丝能穿出菌种的封口材料，挤破菌种袋，大量分生孢子堆集成团时，外观与猴头菌子实体相似，直径2~5cm，高1cm左右。链孢霉孢子很容易随气流在空气中传播，菌袋一经污染很难彻底清除，常引起整批菌种或菌袋报废，造成毁灭性损失。类似链孢霉的还有交链孢霉，菌落呈黑色或灰黑色，繁殖蔓延也很快，菌种和栽培料被侵染后菌种和培养料表面会产生一层黑色或墨绿色的霉层，使培养料变质腐烂，导致菌丝无法生长。链孢霉主要是抑制银耳菌丝的生长，破坏培养基营养成分，受其侵染的菌袋，出耳率降低，耳片正常伸展受影响，朵形小，产量低。

绿色木霉：俗称绿霉，适宜在温度15～30℃和偏酸性的环境中生长，常发生在培养基内和子实体阶段。前期菌丝呈白色，逐步变成浅绿色、深绿色，受其污染的培养基变成黑色，发臭

图5-1　银耳菌包感染链孢霉

松软。分生孢子的传播是发生再污染的主要原因，分生孢子在高温高湿的情况下萌发快、萌发率高，在高温季节，如果培养料偏酸性且含水量大，在湿度大、通风不良的情况下，最容易发生绿霉的污染。在银耳出耳后期，绿霉污染侵害耳片，先是在耳基部或者耳片产生绿色的霉状物，接着发生腐烂，致使整朵银耳萎缩死亡或者腐烂（图5-2）。特别是银耳刚开始工厂化生产时，通风达不到，子实体绿霉污染严重。

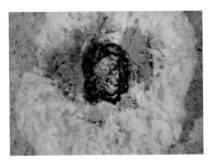

图5-2　绿霉感染

此外，还有红曲霉、毛霉、根霉、青霉等，这些霉菌都会给生产带来危害。

防治措施　霉菌危害，主要应把好"5关"。

（1）培养基关　原材料使用前应经过暴晒或加入菇管家、洁霉精，配制时含水量不宜超过60%，常压灭菌要求在100℃以上保持20h。

（2）接种关　严格执行无菌操作，接种时做到"三消毒"：一是空房事先消毒；二是料袋进房再次消毒；三是接种时通过酒精灯火焰消毒。

（3）菌丝发育关　银耳菌丝发育最佳温度为25～28℃，不超过30℃。发菌培养基要求干燥，在冬天加温发菌时，最好用电源；接种后菌袋可用棉被围罩保温，3d后揭开通风翻袋。菌袋料面发现绿霉时，可注射5%石炭酸混合液或75%百菌清可湿性粉剂1 000～1 500倍液于受害部位；污染面较大的采取套袋，重新灭菌、接种。

（4）出耳管理关　出耳阶段应注意控温、控湿、控光、增氧，创造良好的环境条件；子实体生长发育阶段适度喷水，防止过湿；尤其是幼耳阶段，喷水宜勤宜少。降低菇房温度和湿度，加大通风量，并用草木灰覆压霉菌处，防止霉菌孢子飞扬传播。幼耳阶段发现绿霉时，可局部喷洒75%福美双可湿性粉剂1 000～1 500倍液；成耳期发现病害，则提前采收，避免扩大污染。

（5）环境卫生关　菇房内部及周围卫生要清理好，杜绝污染源。及时去除菇房周围杂草，可采用生石灰作消毒剂对周围环境进行消毒。

2. 白腐菌

发病规律　俗称白粉病、白痣。适宜生长温度15～25℃，这种病原菌常在银耳菌丝生理成熟时，从接种口侵入，形成肿瘤状凸出物。前期菌丝白色粉状，后期呈灰白色，受其危害，培养基变黑。主要腐蚀银耳原基，造成原基腐败，不能出耳。也有的侵染耳片，附着产生一层白色粉状孢子，抑制耳片生长，使其变成不透明的僵耳（图5-3）。每年春秋发生率较高，耳房通风差、高湿闷热容易引起此病大发生。尤其是冬季实施室内加温，容易造成银耳缺氧和一氧化碳中毒，使抵抗能力减弱，易致发病。

防治措施 搞好环境卫生，加强栽培房棚通风，降低空气湿度。发病后，幼耳可喷洒石灰硫磺合剂药液。成耳提前采收，并用利刀连根刮去。为防止耳基残留病菌，应涂4%的石碳酸溶液，喷洒1次75%百菌清可湿性粉剂1 000倍液或50%甲霜灵可湿性粉剂1 000倍液，或在傍晚日落之后用50%腐霉利粉剂进行熏蒸。

图5-3 白粉病银耳

3.红耳病

发病规律 红耳病病原菌为粉红单端孢霉和深红酵母菌，染病的银耳子实体不再长大，耳片及耳根变成红色，其颜色随发病程度加重而加深，最后消解腐烂（图5-4）。腐烂后的汁液带有大量的病菌，粉红单端孢霉的孢子可以在空气中传播，容易蔓延为害，严重破坏银耳生产。喷洒污染有深红酵母菌的水也是导致此病的重要原

因。耳房温度在25～30℃，通风
不良，喷水过多时易发生此病。
发生此病的地方往往会连续发
生，造成生产上的严重损失。

防治措施　保持耳房清洁卫
生，接种后适温养菌，让菌丝正
常发透；出耳阶段喷水掌握轻、
勤、细，及时通风，防止高温高

图5-4　红耳病

湿；用清洁不带病菌的水源，每次喷水后及时通风；耳房尤其是老
耳房要严格消毒。可施用浓度0.3%的氧代赖氨酸，阻止深红酵母菌
侵染银耳子实体。幼耳阶段受害时，可喷洒1次20%三唑酮乳油1 500
倍液；成耳发病要及时摘除，挖掉周围被污染部位，并喷洒新植霉
毒4 000倍液，或用5%异菌脲可湿性粉剂1 000倍液。

4.黑蒂病

发病规律　症状为银耳子实体成熟采收时，蒂头出现烂黑或
黑色斑点，影响商品外观和等级。常为发菌阶段培养室温度过高所
致，菌丝分泌出大量黑色素于穴口流出。穴口揭布割膜扩穴过迟，
幼耳阶段侵染头孢霉等也可导致发病。

防治措施　发菌培养注意控温，气温超过28℃应及时进行疏
袋散热，夜间门窗全开，整夜通风；适时开口增氧割膜扩穴；幼耳
阶段喷水宜少宜勤，防止耳基旁积水，并注意通风换气。对黑蒂的
成耳，采收后用尖刀挖除烂部，切成小朵洗净，加工处理成剪花
雪耳。

5.杨梅霜病

发病规律　银耳生产中，常发生俗称"杨梅霜杆菌"的病菌为
害，该病一般发生于气温较高的月份，栽培时如果菇房温度过高也

容易发生此病。根据李兵兵和温志强研究表明，该病原菌属链霉菌属，抑制香灰菌菌丝和银耳生长，发生于夏秋之交，冬春较少，表现在菌种培养基内，由于两者形态，色泽近似，难以辨别。原种瓶污染此菌后在瓶壁会出现斑点状白色菌落；该病菌常在菌种接到栽培袋后发作，受侵染后白毛团萎缩并逐渐干枯，用手指一压即成粉末状，风吹即散，造成出耳不规整或不出耳（图5-5）。它与因高温引起白毛团死亡的明显区别，是闻有虮臭味道。

　　防治措施　菌种基内分离时，要严格检测分离材料是否有不明菌体，堵住病菌源头；同时优化菌种，提高其抗杂能力；接种时回避高温期，降温到25℃以下，适时开口增氧，喷雾增湿；做好通风换气工作，保持房棚内空气新鲜，促进白毛团在适宜的环境中，尽快形成原基，免遭其害。抗菌素S95-3（福建省微生物研究所）对杨梅霜病有较好的防治效果。

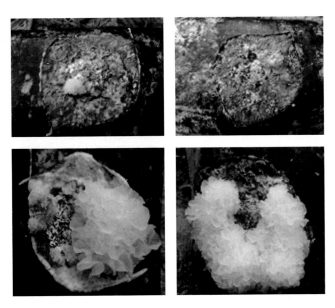

图5-5　杨梅霜菌病症状

6. 僵缩病

发病规律 银耳僵缩病病原菌是茄腐镰孢霉，发生在袋栽子实体上，以未开片的耳基上发生较重，春季接种栽培的发生较多。耳基受侵染后，僵缩不长，颜色变成淡褐或暗褐；也有的耳基仅部分受侵染，未受侵染部分继续开片长大。在潮湿条件下，发病的子实体表面长出一层灰白色霉状物。染病严重时，耳片僵缩萎黄并转变为腐烂状，不再生耳基，产量损失大。

防治措施 选择优良菌种，保证银耳菌丝与香灰菌的比例合适与强盛的活力；原料曝晒，配制培养料不宜过湿，料袋灭菌要彻底；选择午夜接种，严格执行无菌操作；割膜扩穴后调控适温，空气相对湿度80%。幼耳阶段发病可喷洒pH8的石灰上清液或20%三唑酮乳油1 500倍液。成耳期发病，子实体提前采收，用5%石灰水浸泡，经清水洗净后烘干。子实体采收获，及时清除病耳、菇房及周围环境的有机质，减少病菌侵害。

还有工厂化生产中的产生的白色霉菌病（图5-6）。据Yuan等报道是由瘤黑粉菌属（*Melanotaenium* sp.）引起，后经检测主要来自水源中。防治方法是保持水源的洁净度，定期检查水质。

图5-6 白色霉菌病症状

二、虫害

银耳生产过程主要虫害是螨和菇蚊，主要症状和防治方法介绍如下。

1.螨

发生规律　又叫菌虱，种类很多，常见的有蒲螨和粉螨两种。蒲螨体积很小，肉眼不易看清，多群集成团，呈现咖啡色，是银耳生产中重点防治的类群；而粉螨体积稍大，白色发亮不成团，数量多，成粉状。这些螨类主要由棉籽壳、麦皮、菌种和苍蝇等带进菇房，或由旧菇房残留下来。害螨多喜温暖、潮湿环境，环境不良时，可变成休眠体，能吸附在蚊蝇等昆虫体上传播。这两种螨繁殖速度很快，在22℃下15d就可繁殖一代。螨类以吃银耳菌丝为生，被害的菌丝不能萌发，直至最后菌丝被吃光和死亡。菌袋受螨害后，接种口的菌丝稀疏。如果出耳阶段发生螨类，就会造成烂耳或耳片畸形（图5-7）。螨类难以根除，以防为主。

防治措施　①保持栽培场所及周围清洁卫生，菇房要远离鸡舍、猪圈、料房。②菌袋进房前，对空房彻底消毒，可直接喷洒无毒物理杀虫矿粉celite 610，也可用气雾消毒盒，加清水拌成

图5-7　出耳阶段发生螨虫

消毒液，喷洒四周。③出耳管理阶段发生螨虫，在揭开接种口胶布前可用灭扫利等广谱低毒农药，按规定用量喷洒，关闭门窗，杀死螨类，然后通风换气，待农药的残余气味彻底排除后再揭开胶布。④子实体生长前期发现螨虫，可用新鲜烟叶铺在有螨虫的菌袋旁，待烟叶上聚集螨时，取出用火烧死。但应注意：在子实体生长阶段，禁止使用农药。

2. 尖眼菌蚊

发生规律 别名眼菌蚊、菇蝇、菇蛆、菇蚊、闽菇迟眼蕈蚊等，属双翅目，尖眼蕈蚊科，是银耳栽培危害极大的一种害虫，幼虫白色，近透明，体型小如头发丝，色白，发亮，3~5d就变成黑褐色有翅膀的菇蚊。菇蚊对银耳的危害常发生在银耳扩穴后的出耳阶段，幼虫既咬食子实体又潜入较湿的培养基内啃食银耳菌丝和原基，受害后导致烂耳，严重时甚至导致子实体干缩死亡。成虫虽不会直接对银耳造成为害，却是各种病害和螨的传播者，而且可在培养基中产卵，虫卵发育成幼虫后危害银耳。

防治措施 ①保持好环境卫生，菇房门窗及通气口装配60目纱窗，去除周围环境的杂草等适宜蚊虫生长的环境，撒石灰粉杀灭虫源。②用黑光灯诱杀或可选用Bt生物杀虫剂，该制剂含有对双翅目虫害有专一胃毒作用的毒蛋白晶体，对其他微生物和人畜无害。1 200IU/mg制剂稀释500~800倍喷雾使用，持效期长。③用蚊香或卫生丸粉熏烟。④及时采摘被害子实体，并清除残留物，涂刷石灰水。

3. 线虫

发生规律 呈粉红色，是一种线状的蠕虫，体型极小，体长仅有1mm左右。在菇房内繁殖很快，幼虫2~3d就发育成熟，并再生幼虫，雌虫每次可产卵8~12枚。线虫主要由培养料和水源带进菇房。在闷湿、不通风情况下大量发生，银耳线虫侵害银耳，分泌唾液，蛀食耳基，使耳片得不到营养而枯死腐烂，从而导致其他细菌霉菌复合感染，使其腐烂加剧（图5-8）。

防治措施 培养料灭菌要彻底，水源应检测，菇房事先严格消毒。喷水不宜过湿，并注意通风。若在耳芽出现时发生线虫，可用0.5%石灰水或1%食盐水，在阴凉天喷几次，并在菇房地面撒石灰粉消毒。

图5-8　虫害

第二节　生产异常现象原因及防治

一、菌丝满袋后不出耳原因及防止

袋栽银耳接种后，一般15～18d穴口出耳整齐，但常发生菌丝长满袋而不长子实体，致使栽培失败，也有的出耳不齐，而减产歉收。下面分析其原因及防治的措施。

1.发病规律

（1）伴生菌衰退　香灰菌丝衰退或死亡，常表现菌丝初期走势正常呈黑色，交叉圈状跟随进展，但不久黑色菌丝逐渐退缩，最终呈现白色纤弱菌丝。香灰菌丝退化，就不能分解吸收基内养分，更无法提供养分给银耳菌丝生长，原基也就无法形成，更谈不上出耳。

香灰菌丝退化原因是菌种传代次数过多，先天性香灰菌丝衰老，低温偏干，发菌期香灰菌丝负荷活力减弱，失去应有功能；培养阶段温度较适宜纯银耳菌丝生长，此时无休止地向香灰菌丝逼使养分，使香灰菌丝压力增大，加速衰老死亡。

（2）银耳菌丝挫伤　气温过低或过高，造成菌丝断裂，生理性停顿，活力损失，不能吸收香灰菌所输送的养分，引起接种穴内白毛团菌丝逐渐萎缩至枯干成粉状。也有的因培养基养分过高，香灰菌生长旺盛，银耳菌丝生长缓慢。使银耳和香灰菌比例失调，子实体迟迟未能形成或长耳也缓慢，出耳参差不齐。

（3）拌种不均　接种前菌种预处理时，两种菌丝提取部位不当，混合搅拌不均匀，银耳香灰菌比例不合适，致使接入穴内，出现有的只长香灰菌丝而不长耳芽。

（4）发菌缺氧　银耳是好气性真菌，冬春栽培气温低，发菌叠堆密集不透气，加上片面强调保温发菌，忽视开窗通风；也有的为了提高室内发菌温度，烧煤升温，通风不良，致使CO_2浓度过高，杀伤了菌丝，致使出耳受到影响。

（5）病虫害侵袭　常发生在接种口胶布翘起处，线虫、螨类、菇蚊成群集结穴口、咬食银耳幼嫩子实体，造成不长耳。

2. 防治措施

避免不出耳技术措施，重点把好五关。

（1）优化菌种关　要每隔1～2年分离选育一次，需从栽培群体的菌袋中，选取朵大形圆、耳片舒展肥厚、健壮的子实体作为分离母本，银耳纯白菌丝和香灰菌丝分别分离培养，并注意配对的专一性。进行组织分离后，必须对分离菌种进行特异性、均一性、稳定性检验，并经多次生产性实验后根据"子代选优"原则选取生产用菌种。选择适龄菌种，菌龄过老或制种过程两种菌丝配比失调，可导致出耳慢，出耳率低，朵小，欠产。此外，培养基配方也应经常性更换。

（2）接种关　接种室、周边环境要消毒彻底，操作人员保持严格的卫生，严格按照无菌操作规程进行接种，接种工具要彻底灭菌。接种前香灰菌丝与银耳菌丝应充分混合搅拌均匀，要求菌种入穴内比胶布低1~2mm，有利于菌丝扭结成团在穴内生长发育。

（3）控温关　银耳接种后前3d为菌丝定植期，4d之后为菌丝生长期，应控制菌丝定植期温度不超过30℃，菌丝生长期不超过28℃。发菌在夏初或秋初气温高时，注意疏袋散热。防止高温危害菌丝，早春秋末气温低时，保温发菌，排除CO_2危害。

（4）增氧关　当接种穴内出现红色或淡黄色水珠，白毛团开始扭结并逐步胶质化形成原基时，应注意开口增氧。应把握好开口扩穴时间，若时间过迟，会导致袋内菌丝严重缺氧导致出耳困难或出耳不齐的现象发生。冬季用煤炭加温时，应注意通风透气，防止室内CO_2沉积伤害菌丝。

（5）防害关　经常消毒杀虫，净化环境，每结束一批银耳生产时，应对栽培架进行一次清洗，烈日暴晒；室内可用电蚊香趋杀蚊虫；在穴口撕开胶布前，可用3~4%的石碳酸溶液，喷于室内空间和菌袋上，喷后通风，换气后方可撕开胶布；出耳阶段发现螨虫、菇蚊，可用钾氨磷喷于覆盖袋面的报纸上，切忌使用叶蝉散和敌敌畏，以免造成穴口内的扭结菌丝枯萎而不能转化为耳芽。

二、出耳"断穴"和"疯癫菇"原因及防治

出耳"断穴"是指有的菌筒3穴有1穴不出耳或2穴不出耳（图5-9）。有的整批菌袋中有20%穴口长耳不成朵，残缺不全，菇农俗称"疯癫菇"（图5-10）。通常是发生在接种后14~15d进入扩穴或划线通风增氧阶段。

1.发病规律

①菌种搅拌不匀，香灰菌丝和银耳菌丝两者比例失调，接种时

有的菌种只有香
灰菌丝，而无银
耳菌丝，所以出
现有的穴口无芽
孢不出耳。②菌
种运输时受高温
挫伤，致使不耐
高温的银耳菌丝
死亡，接种后只

图5-9　出耳"断穴"　　图5-10　"疯癫菇"

长香灰菌丝不见白毛团。③通风增氧时间失误或操作不当使穴内菌
丝缺氧，或扩口增氧期突然温度升高，或喷水淤积穴口，使部分幼
耳浸蚀，造成出耳残缺"疯癫"。④喷水不均匀，培养架高层喷水
不到位，而底层又喷水过重过湿，造成同一菇房内长耳大小不平衡
或局部烂耳，成了残缺。

2. 防治措施

①菌种搅拌要均匀，接种时适当搅拌。②菌种运输时避免长时
间高温，高温时尽量采用冷藏车运输。③正确把握通风增氧时间和
操作，扩口时注意天气温度，避免高温扩口。④喷水要均匀，特别
注意培养架高低层，避免喷水淤积穴口。

三、烂耳发生原因及防治

1. 发病规律

银耳幼耳烂根表现为幼耳结实不展片，稍动就脱落，耳基无菌
丝或很少，培养基木屑发黑黏潮，部分有白色针状肉质竖立。成耳
发生烂耳表现为耳片自溶腐烂，呈糊状。

烂耳主要原因是菌种纯度不高，带有螨害。pH不正常，培养基

含水量过多；栽培过程中温度偏高或偏低，出耳阶段温差过大；喷水过量或者直接喷在了子实体上，空气湿度偏大，通风不良，水源不净、黄水累积未及时清理、

图5-11　积水烂耳

图5-12　水源不净引起烂耳

CO_2浓度过高等都会引起烂耳（图5-11，图5-12）。

2.防治措施

在配制培养料时，拌料、装袋、上锅灭菌要环环紧扣。料袋灭菌后要排稀，使之尽快冷却。在栽培过程中，温度应控制在23~25℃，耳房保持空气新鲜，及时通风换气。在原基分化形成子实体阶段，空气相对湿度应控制在85%~95%，防止黄水过多或过干而引起烂耳。发生烂耳时，及时用小刀将烂耳刮去，烂耳处可喷洒1%醋酸或0.1%碘液。对绿色木霉引起的烂耳，及时用报纸包住，连同耳根一起拔出烧毁。若发生大面积烂根时，只能采取挖掉烂耳基、补上新培养料、贴上胶布、重新灭菌、再行接种的办法。长耳期发生烂根时，可提前采收，防止蔓延。

四、白筒原因及防治

白筒是指银耳菌包在生长发育过程中香灰菌菌丝不转色或转色不明显，后期不出耳或仅出少量耳芽。

1.发病规律

细菌等杂菌污染引起香灰菌长势稀疏、不转色引起白筒，可称

为病理性白筒（图5-13）；低温、缺氧、黑暗等引起的香灰菌不产黑色素引起的白筒，称为生理性白筒（图5-14）。引起生理性白筒的主要原因包括：培养料因高温等引发酸变使得培养料pH值过低，菌丝无法正常吸收分解养分；料袋灭菌没透心，菌丝难以分解吸收未透熟的培养料，以致停顿；袋料未完全降温就进行接种，导致菌种被灼伤；发菌叠袋过分密集，室内通风不良，严重缺氧；发菌期遇低温，没及时加温处理，使袋内香灰菌丝不适应，发育缓慢。生理性白筒在条件恢复情况下症状会明显转好。

2. 防治措施

对于病理性白筒，防治杂菌是关键；生理性白筒要注意给予良好的生长发育条件。

图5-13 病理性白筒

图5-14 生理性白筒

五、干穴原因及防治

干穴是指银耳菌包在培养发育过程中接种块呈现干燥、失水的状态，接种块松散、无白毛团，严重的无法出耳，轻微的在出菇管理阶段喷水后会恢复（图5-15）。

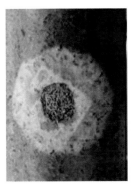

图5-15　干穴

1.发病规律

穴口胶布没封紧，导致接种块失水；养菌房风太大，导致接种块蒸发失水、特别是空调房干穴现象更频繁。

2.防治措施

①接种的时候注意把胶布贴严实，发现失去黏性的胶布及时更换；②控制养菌房的通风和循环风大小，用空调的情况下可适当雾化补水；③已经发生干穴的在扩口后把表面干掉的接种块扣掉。

六、子实体形态异常原因分析

银耳子实体形态异常，常见有鸡冠菇和花菜菇，鸡冠菇（图5-16），中间耳片生长较大较快，两边耳片生长缓慢不开片，导致朵型似鸡冠；花菜菇（图5-17），耳片开片不良，形似花菜。

1.发病规律

引起鸡冠菇的原因可能是杂菌危害造成银耳生长不良；造成花菜菇的原因不明确，有说是菌种变异，也有说由不良环境条件引起。

2.防治措施

筛选优良菌种；注意保持菌种的稳定，控制适宜出菇条件。

图5-16 鸡冠菇　　　　　　图5-17 花菜菇

第六章　银耳的采后加工与开发

第一节　银耳的初加工

20世纪80年代，人们为方便存储银耳，将银耳简单去除杂质、筛选、晒干后投放市场。至80年代末，人们发现银耳朵形大、含水量高、蛋白质含量高，容易变色、变质。为保证银耳的色泽及质量，增加出口量及销量，人们发明了银耳剪小花工艺，把干银耳的含水量降到10%以下，以延长银耳的保质期。银耳的初加工产品（图6-1至图6-7），主要工序包括：

新鲜银耳进场→摊凉→削耳基（小花银耳削耳基后，需要掰分）→浸泡（丑耳不浸泡）→清洗（丑耳不清洗）→排筛→沥干→烘干→出厢→装袋→贮存

图6-1　黄耳

图6-2　白耳

图6-3　段木银耳

图6-4　丑耳

图6-5　整朵冻干银耳

图6-6　瓶装银耳

图6-7　瓶装冻干银耳

第二节　银耳的深加工

　　20世纪80年代，银耳深加工产品开始出现，相继出现了银耳糖片、银耳小香槟、银耳露、银耳汽水、即食银耳茶、银耳浸膏、银耳软糖等产品。至21世纪，银耳多糖提取技术的应用，以及其他提取技术的不断改进，衍生出了许多以银耳多糖为原料的产品，例如，银耳饼干、银耳黄酒等。近年来，随着食用菌加工技术的不断发展与进步，各类银耳加工产品也随之不断地被研发出来。

一、银耳饮料系列

1.冻干银耳羹系列

随着城市生活节奏的加快，人们对于速食类食品的需求量显著增加。真空冷冻干燥技术的出现，使得冻干银耳羹系列产品应运而生，该类产品兼具营养、方便、保质期长、复水性好等优点，市场前景十分广阔。冻干银耳羹利用的是航天技术，将银耳与其他物料进行清洗浸泡、加水后经几个小时的熬煮后得到银耳羹后，经-50℃极速预冷，再经过30多个小时的真空冷冻干燥后得到成品（图6-8）。经真空冷冻干燥所得的银耳羹，能保持鲜炖银耳的色、香、味、形和营养成分，复水性好，加水冲泡1min后即可恢复原来的状态，胶质浓稠，口感嫩滑，很好地保留了银耳等物料的营养成分和风味口感。银耳与红枣、桂圆、雪梨、莲子、枸杞等滋补品相结合，也能达到很好的感官效果。

图6-8 冻干银耳羹

2.银耳罐头型饮品

许多著名的罐头饮品制造商在制作饮品时，会在其中添加少量的银耳，用以增加清爽的口感，银耳可谓是罐头产品中的"常客"，但银耳在罐头饮品的添加量很少，厂家并没有以银耳为主要成分打造产品。近年来，以银耳为主题的饮品不断涌现，通过现代化的设备对新鲜银耳高温灭菌，以传统工艺熬煮，不加任何防腐剂或增稠剂，真正实现了纯天然。以红枣、马蹄、莲子、芦荟、枸杞等为辅料，再加入冰糖，增加银耳饮品风味的同时，饮品的营养价值也得到了一定的提高。开发这类银耳饮品，主要基于便捷（图6-8）。银耳饮品系列目前已于市场上普及，超市、商场等地随处可见。银耳罐头饮品的主要工序包括：

原料选取、清洗→熬煮→装罐→封罐→杀菌冷却→保温检验→包装
　　　　　　　　　　　↑
　　　　　　　空罐洗涤、消毒

图6-9　银耳饮品

二、银耳糕点类产品

银耳加入各种烘焙类产品中，既可增加产品的风味，又可以提高产品的营养价值。

1.银耳曲奇

制作银耳曲奇所用的银耳经过破壁处理，破坏银耳细胞外壁和内膜囊，使银耳细胞内的物质渗透出来。银耳经破壁后得到的活性物质，更容易被人体吸收。银耳与传统糕点的结合所创造出的这款

产品（图6-10），在投放市场后，得到的反馈良好。主要工序包括：

图6-10　银耳曲奇

2. 银耳月饼

银耳有着很好的兼容性，与其他物料一起经过高温烘焙后，质地变软，入口即化，制成的月饼馅料，不仅增加了独特的银耳风味，同时也减少了月饼馅料中其他高糖、高脂成分的使用，比传统月饼更加健康（图6-11）。主要工艺包括：

图6-11　银耳月饼

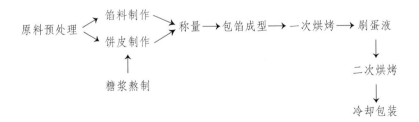

3. 银耳馅饼

银耳馅饼与银耳月饼类似，由新鲜银耳制作的馅料，口感清甜不腻、软糯晶莹，包上酥皮，经过烘烤之后，层层酥脆，投放市场后得到广大群众的认可，备受大众好评（图6-12），主要工艺包括：

馅料制作、成型 ⟶ 酥皮包裹 ⟶ 烘烤 ⟶ 冷却 ⟶ 成品

图6-12　银耳馅饼

此外，还有银耳芝麻片、银耳花生酥、银耳寸枣等糕点类产品，银耳糕点类产品的发展前景广大，相信将来会有越来越多的银耳糕点类产品在市场上出现。

三、银耳酒类

银耳黄酒

银耳黄酒是由银耳、糯米、红曲等为原料酿制，色泽清透带红、香气浓郁、口感上佳。在拌曲的过程中，添加银耳汁能大大提高黄酒的出酒率（图6-13），在保持传统红曲黄酒的营养与保健功效的基础上增加银耳所特有的"滋阴降火、保肝养胃、抗氧化与免疫调节"等健康养生功效，并赋予产品甘醇柔顺、温润丰满的口感。

图6-13　银耳黄酒

四、银耳烹饪系列

用银耳入菜，是因为它能与许多的菜品都能完美的融合，既提高了菜品的营养价值，又增加了风味。

1. 木瓜炖银耳

木瓜的皮薄肉厚、味甜多汁、有清香气味、17种氨基酸及各类蛋白酶、维生素等。成熟木瓜果肉为金黄色或橙红色，含有大量的番茄红素，对人体具有卓越的保健功效，有着重要食用价值。半个中等大小的木瓜足供成人一整天所需的维生素C。木瓜与银耳结合，养阴润肺、滋润养颜、二者相得益彰。木瓜炖银耳（图6-14），主要工序是：

①将木瓜洗净后对半切（不要去皮），小心掏去内瓤，银耳切小块，泡水。

②将银耳、虾仁放入木瓜，加入冰糖水，放入蒸笼15min即可。

图6-14　木瓜炖银耳

2. 银耳桂花糕

桂花糕用糯米粉、蜜桂花等为主要原料制作而成（图6-15），滑润酥软，清香爽口，已有三百多年历史。桂花糕美味爽口，做法简单，种类多样，了满足人们对于味道的各种需求，是中国特色传统小吃之一。银耳桂花糕中，用马蹄粉代替了传统

图6-15　银耳桂花糕

的糯米粉，做出的桂花糕更加透明清甜，大大提升了桂花糕的风味口感。再加入银耳，使其在营养价值和市场价值上，有了进一步的提升。主要工序是：

①银耳切小块飞水，用水将量好的马蹄粉化开；

②将银耳和冰糖加500g煮开，加入已化开的马蹄粉，不停搅拌，煮至浓稠，倒入模具，冷却后放冰箱20min；

③将冰好的桂花糕取出模具，淋上花酱，撒上桂花即可。

3. 银耳布丁

布丁是一种半凝固状的冷冻甜品，主要材料为鸡蛋和奶黄，类似果冻。随着烹饪技术的发展，布丁的样式也变得多样起来，银耳布丁便是其中之一。

银耳布丁（图6-16），的主要工序是：

①银耳切小块，煮熟；

②取一定量清水煮开，加入果冻粉，加适量白糖，再加入银

图6-16　银耳布丁

耳，倒入模具，完全冷却后，放入冰箱冷藏；

③冷藏过后，将凝固的布丁倒入盘子中，洒上果酱即可。

五、银耳日化品系列

1.银耳手工皂

近些年，手工皂在日本、韩国、东南亚各国十分流行，在各国的旅游景点中，都开设了手工皂体验坊。由此，人们诞生了制作银耳手工皂的想法：利用银耳富含胶原蛋白的特点，配以植物精油等辅料来生产银耳手工皂（图6-17）。银耳手工皂有美容润肤的功效，通过手工皂的开发生产，企业进一步开拓了银耳加工业的市场，又丰富了自身的产品线。此外，银耳手工皂与旅游业的结合，很好的促进了第二、第三产业的共同发展。

图6-17　银耳手工皂

2.银耳面膜

透明质酸被称为"理想的天然保湿因子"，98%的水分，仅用2%的透明质酸就能维持住。但由于透明质酸的价格昂贵，且假货猖獗，许多人因为用了添加了假的透明质酸的面膜，而导致过敏、甚至毁容。银耳中富含的银耳多糖的保湿效果与透明质酸相当，0.05%的银耳多糖的保湿效果已超过0.02%的透明质酸。以银耳多糖作为保湿因子制作的面膜，在价格上对比透明质酸会"亲民"许多，在使用效果和体验上却丝毫不比其他类型的面膜差。而且银耳面膜纯天然、无添加的制作方法，人们用得更加放心。

第三节　银耳制品的开发

市场上，银耳加工产品已琳琅满目，涵盖了各种各类的加工产品，但是银耳的价值远不止于此，对于银耳的精深加工，还可以继续深入。

银耳多糖作为当今科学界研究的热点，具有极大的开发价值。在以绿色、健康为主题的当今世界，通过绿色生态的种植方法所得的银耳，经过提取、浓缩、醇沉、纯化、冻干等工序得到的银耳多糖所衍生的产品，顺应了时代的潮流，必将受到广大群众的欢迎。

一、银耳多糖保健品系列

市场缺少银耳多糖保健品主要原因是由于大量生产银耳多糖十分困难，提取工艺十分复杂，成本很高，使得银耳多糖很难稳定的大批量供应，导致市场价格居高不下。相信在攻克了这一难题后，银耳多糖保健系列产品便能逐渐被开发出来，并在市场上大量铺开。与此同时，解决了银耳多糖供应问题后，其价格也会随之逐渐下滑并趋于稳定，其衍生出的保健品也会走进千家万户。

二、银耳提取物作为添加剂的应用

1. 饮料增稠剂、稳定剂

目前，市场所用的增稠剂、稳定剂主要有：黄原胶、果胶、明胶、CMC、卡拉胶、结冷胶等。这些添加剂的增稠、稳定的效果的确十分显著，但这些物质是通过生物发酵、化工合成等方法得到的，虽然对人体无太大伤害，但却有着明确的限制用量。银耳多糖的制作工序十分烦琐，制成后若只是添加在饮料中，未免"大材小用"。所以，将银耳多糖的提取手段进行简化，制得银耳粗多糖作为饮料的增稠剂、稳定剂，在起增稠、稳定的作用的同时，没有限定用量，应用得当还能增加营养、风味。

2. 糕点保湿剂

糕点由于放在货架上销售时，其水分很容易流失，影响口感，导致其货架期只有短短几天，这个问题一直都没有很好的得到解决。如冰皮月饼在制作完成后，常温下放置不能超过2h，必须放置冰箱冷藏，在冷藏下保质期能达到7~10d，但是由于冰皮的水分流失、淀粉老化，3d左右饼皮将会变硬、变干。银耳多糖或者可溶性蛋白等具有与透明质酸相当的保湿性能，在糕点中加入简化工艺的银耳粗多糖，增加糕点的持水性，水分不易流失，能适当的延长糕点类产品的货架期。

三、银耳提取后产物的利用

银耳经提取多糖后，就会被当做废料处理掉，但经过提取的银耳，仍具有一定的营养价值和可利用性，将其回收再利用，既可以减少废料的排放，保护环境，又能丰富银耳的加工产品，一举两得。

1. 制作馅料

银耳提取多糖后，质地绵松柔软，且含有大量膳食纤维，与其他原料相结合可作为月饼馅料，不仅增加了独特的银耳风味，而且对消化过程起到一定辅助作用，比传统月饼更加健康。通过调整银耳冰皮月饼的原料比例，可以达到口感酥软滑爽的目的。

2. 制作果冻

新鲜银耳或用水泡过的干银耳，口感较脆，直接添加到果冻中，果冻与银耳的口感差异性很大，会导致口感的下降。而经过提取过后的银耳，质地柔软、入口即化，与果冻结合后口感的一体性较好。

参考文献

丁湖广，2013. 银耳生物学特性及栽培技术（七）——银耳生产主
　　要病虫害防控及栽培失败原因分析[J]. 食药用菌（5）：277-281.

黄毅，2008. 食用菌栽培[M]. 北京：高等教育出版社.

黄毅，2015. 食用菌工厂化栽培[M]. 北京：高等教育出版社.

雷绮堃，2019. 番木瓜银耳糖水罐头工艺研究[J]. 食品研究与开
　　发，40（5）：144-148.

李翔，徐宏，邓杰，等，2019. 不同栽培方法银耳挥发性成分的
　　HS-SPME/GC-MS分析[J]. 中国食用菌，38（1）：45-50，63.

罗信昌，2013. 中国银耳研究之历史回顾[J]. 菌物学报，32（增刊）：
　　14-19.

王秋果，凌云坤，刘达玉，等，2018. 段木银耳与袋栽银耳营养素
　　和安全性的对比分析[J]. 食品工业，39（11）：220-223.

姚清华，颜孙安，陈美珍，等，2019. 古田银耳主栽品种基本营养
　　分析与评价[J]. 食品安全质量检测学报，10（7）：1 896-1 902.

中华人民共和国国家质量监督检验检疫总局，中国国家标准化管
　　理委员会，2012. 银耳生产技术规范：GB/T 29369—2012[S]. 北
　　京：中国标准出版社.

中华人民共和国国家质量监督检验检疫总局，中国国家标准化管
　　理委员会，2017. 银耳干制技术规范：GB/T 34671—2017[S]. 北
　　京：中国标准出版社.